CERVEJA
UM GUIA ILUSTRADO

Mauricio Beltramelli

CERVEJA

UM GUIA ILUSTRADO

FARO
Editorial

COPYRIGHT © FARO EDITORIAL, 2022

Todos os direitos reservados.
Nenhuma parte deste livro pode ser reproduzida sob quaisquer meios existentes sem autorização por escrito do editor.

Diretor editorial **PEDRO ALMEIDA**

Coordenação editorial **CARLA SACRATO**

Preparação **MONIQUE D'ORAZIO**

Revisão **BÁRBARA PARENTE E THAÍS ENTRIEL**

Imagem de capa **GIVAGA | SHUTTERSTOCK**

Dados Internacionais de Catalogação na Publicação (CIP)
Jéssica de Oliveira Molinari CRB-8/9852

Beltramelli, Mauricio
  Cerveja : um guia ilustrado / Mauricio Beltramelli. — São Paulo : Faro Editorial, 2022.
  256 p. ; il.

  ISBN 978-65-5957-239-7

  1. Cerveja 2. Cerveja – História I. Título

22-5117   CDD 641.623

Índice para catálogo sistemático:
1. Cerveja

1ª edição brasileira: 2022
Direitos de edição em língua portuguesa, para o Brasil, adquiridos por FARO EDITORIAL.

Avenida Andrômeda, 885 — Sala 310
Alphaville — Barueri — SP — Brasil
CEP: 06473-000
www.faroeditorial.com.br

*Para meu avô Joaquim,
que teve coração e paciência de sobra
para ensinar um garoto a viajar.*

SUMÁRIO

PREFÁCIO A ESTA EDIÇÃO   9
PREFÁCIO A CERVEJAS, BREJAS & BIRRAS   11
INTRODUÇÃO — UMA VIDA EM DUAS HISTÓRIAS   13

1. HISTÓRIA   19
2. MITOS E VERDADES   59
3. ESCOLAS CERVEJEIRAS   93
4. ESTILOS   141
5. DEGUSTAÇÃO   181
6. A CERVEJA NO BRASIL   223

BIBLIOGRAFIA DE APOIO   254
CRÉDITOS DAS IMAGENS   254
O AUTOR   255

PREFÁCIO A ESTA EDIÇÃO

Comecei na cerveja de forma despretensiosa. A intenção era apenas consumo próprio, e de lá para cá já se vão quase 34 anos.

Em 1988, no tempo em que no Brasil a disponibilidade era limitada a cervejas claras e escuras, com o país fechado às importações, eu já ousava produzir cervejas avermelhadas com uma gama de aromas e sabores até então desconhecidos por aqui.

No início dos anos 2000, a situação se modificou. O país assistiu à chegada das cervejas artesanais e ao acesso às cervejas europeias e americanas. Vimos então a necessidade de formar a cultura da cerveja e de levar a um público consumidor até então inculto "cervejisticamente" um conhecimento melhor dessa boa-nova que invadia nossos lares, bares e grupos de convivência.

Formaram-se confrarias, surgiram os primeiros cursos, brotaram os primeiros bares e restaurantes com gastronomia ligada ao mundo cervejeiro, mas faltava romper uma fronteira: a da literatura.

Em minha opinião, para uma cultura se consolidar, é necessário existir livros.

A primeira obra significativa no Brasil foi a *Larousse da Cerveja*, do meu conterrâneo, o belorizontino Ronaldo Morado. Um livro interessante, no estilo enciclopédia. Pouco tempo depois, para felicidade e consolidação dessa cultura, o advogado e exímio *sommelier* de cervejas Mauricio Beltramelli resolveu compartilhar todo o seu vasto conhecimento no seu magnífico *Cervejas, Brejas & Birras*, que chega às suas mãos nesta segunda edição, sob o novo título de *Cerveja: Da história ao seu copo*, uma obra completa, que atende a todos os interessados, dos mais leigos aos maiores *experts*.

De leitura fácil, mas com todo o esmero técnico, a obra proporciona ao leitor um enorme prazer. A impressão que se tem é de estar dialogando com o autor em um bar, degustando deliciosas cervejas e discorrendo sobre todo o universo do tema, desde a história da bebida, passando por características técnicas, modos de produção e estilos até copos adequados e harmonizações. Enfim, tudo aquilo de que os interessados nessa arte precisam para aproveitar o genial mundo da cerveja.

Esta edição, a qual tenho a honra de prefaciar, revigora uma obra que já é definitiva e cumpre um papel de verdadeiro deleite aos amantes do mundo cervejeiro.

MARCO FALCONE
Proprietário da Cervejaria Falke Bier e
presidente da FEBRACERVA — Federação
Brasileira da Cerveja Artesanal

PREFÁCIO A CERVEJAS, BREJAS & BIRRAS

Domingão, sol a pino em Ribeirão Preto, eu neste oásis de sombra que é a varanda da minha casa, cerveja de trigo no copo, pergunto-me se haveria no mundo um lugar melhor para prefaciar este livro, mais uma rara e valiosa interpretação brasileira no curioso labirinto de cores, doçura, amargor, azedume, lúpulos, maltes, histórias, viagens, camaradagem e gastronomia que se chama "o novo mundo da cerveja".

Por quase todo o planeta, assim como no Brasil, e provavelmente dentro de você, leitor, que apenas começa a folhear e decifrar as páginas deste livro, tem corrido um renovado interesse em descobrir, conjecturar, informar-se e consumir de maneira diferente essa companheira nem sempre loura e sobretudo nada banal, vulgarmente chamada de cerveja.

A cerveja que você toma agora, aquela que você tomou numa viagem anos atrás ou a que vai tomar numa próxima; a cerveja que o seu pai tomava e a que os seus bisavós ou parentes ainda mais remotos tomavam; a cerveja que imaginamos que, em algum lugar no futuro, nossos filhos tomarão; todas essas cervejas são igualmente importantes, interessam ao Mauricio — autor deste livro — e a nós também.

Dessa forma, aconselho a você, leitor, que deguste este livro sem pressa nem muito protocolo, como convém às coisas boas da vida. Aliás, uma das virtudes desta obra é a de poder ser abordada tanto pelo começo, como pelo meio ou pelo fim. Tal qual um oráculo chinês, em qualquer parte deste livro, o leitor formulará questões e encontrará respostas cada vez mais complexas sobre esse fenômeno cultural que tanto amamos.

A cerveja vive um momento histórico interessante. Se, por um lado, forças poderosas a tornaram uma bebida quase onipresente e certamente democrática, por outro, as mesmas forças concentraram seus meios de produção à exaustão e a transformaram num produto globalizado e de pouca personalidade.

Se o século XX nos ensinou a produzir e distribuir cerveja de maneira cada vez mais eficiente e econômica, talvez o século XXI possa resgatar o sentido profundo dessa bebida que sempre foi múltipla, diversa, regional, gregária, colaborativa e, como magistralmente nos lembra o autor no decorrer deste livro, feminina.

Com efeito, a cerveja deve mesmo ter alma feminina! Afinal, como explicar de outra forma tal cadeia de generosidades? A água dá vida a todos; uma semente de cevada se transforma em uma espiga de muitos grãos; uma célula de fermento se multiplica em milhares; e uma pequena flor de lúpulo graciosamente nos explica que, para melhor sentirmos outros sabores, é bom nos lembrarmos do amargo.

Meu amigo Marco Falcone, cervejeiro mineiro, sempre gosta de nos relembrar de que o hieróglifo egípcio que representa a palavra "alimento" tinha como desenho uma bisnaga de pão e um copo de cerveja; e que os antigos egípcios, ao se encontrarem ou se despedirem uns dos outros, sempre usavam a expressão "pão e cerveja".

Sendo assim, desejo aos amigos leitores saúde, pão e cerveja, além de todos os bons momentos que acompanham os três.

MARCELO CARNEIRO
Fundador da Cervejaria Colorado
(Ribeirão Preto-SP)

INTRODUÇÃO
UMA VIDA EM DUAS HISTÓRIAS

O que você tem em mãos não é apenas um livro sobre cervejas, mas também de histórias ligadas à cerveja. E, como uma forma de apresentá-lo a esta obra, optei por escrever uma introdução menos formal e mais leve, que possa refletir a afeição que o ser humano vem demonstrando pela bebida ao longo dos séculos. Começo, então, contando duas histórias que aconteceram comigo. Elas falam não apenas de cervejas, mas também de todo o universo ligado ao tema pelo qual perdidamente me apaixonei.

A primeira delas teve palco a milhares de quilômetros do Brasil. E que palco! A Piazza della Rotonda é uma formidável praça no centro histórico de Roma, logo defronte ao Panteão, um antigo templo do Império Romano erguido no ano 27 a.C. O ano era 2004. Eu e mais três amigos, todos ainda solteiros à época, resolvemos transformar aquele mês de agosto em sabático, e nos lançamos numa viagem por doze países da Europa a bordo de um carro alugado.

Sentado aos pés da fonte, no centro da *piazza*, recém-chegado após onze horas de suplício no diminuto espaço de classe econômica em um voo da Alitalia de São Paulo a Roma, eu vivia o primeiro dia da minha vida em solo europeu, e ansiava urgentemente por uma cerveja. Descolei uma pequena doceria ali mesmo e lancei-me à geladeira. Lá de dentro, uma constelação de opções de cerveja me observava, à espera da minha escolha. Saquei então uma garrafinha que me pareceu mais ajeitada, paguei — algo em torno de três euros — e, com ela aberta nas mãos, voltei ao meu antigo local de contemplação do Panteão, aos pés da *fontana* da praça. Foi aí que aconteceu.

Até aquela época, embora as importações de cervejas já havia muito fossem permitidas pelo governo brasileiro, não tínhamos no país nem um ínfimo da respeitável oferta e variedade que temos hoje, mesmo das artesanais nacionais. De forma que, com exceção de uma ou outra cerveja de trigo ou Pilsen alemãs, nosso modelo de cerveja era somente aquela Standard Lager do botequim. Sim, a Brahma ou a Skol. Acontece que aquela cerveja que eu tinha em mãos e bebia, despreocupado, direto do gargalo, definitivamente *não* era a Brahma nem a Skol... Eu me deparava com uma complexa gama de aromas e sabores que iam infinitamente além daqueles com os quais eu estava acostumado, lembrando ameixas, frutas vermelhas, madeira, vinho do Porto, caramelo e muitos mais que, àquela altura, eu não conseguia identificar. Depois soube que tive sorte por ter escolhido, sem querer, logo uma Chimay Bleue, cerveja belga feita por monges católicos — reconhecidamente uma das melhores brejas do mundo. Minha "outra vida" começava naquele exato momento.

Naquela viagem, não era apenas eu que me apaixonava definitivamente por cerveja. A doença atingira os quatro viajantes, e desde o primeiro dia resolvemos experimentar em nossas andanças todos os rótulos que pudéssemos ter em mãos. Ao contrário do que venha a parecer, o que poderia virar uma bebedeira inconsequente se transformara em curiosidade metódica; pedíamos nos pubs e bares quatro cervejas diferentes, experimentávamos cada qual a sua e a dos companheiros e anotávamos nossos então amadores e rudimentares comentários, bem como as notas que conferíamos a cada uma delas.

Voltando ao Brasil, essa planilha de notas virou o site *Brejas*, ainda hoje o maior portal independente sobre cervejas da internet brasileira. Anos mais tarde, as atividades ligadas ao *Brejas* — cursos e palestras que eu ministrava Brasil afora — fizeram com que eu dedicasse parte do meu tempo e dividisse a minha vida de quase vinte anos de advocacia ao que chamamos hoje de *cultura cervejeira*.

A segunda história aconteceu anos depois, quando o site *Brejas* já tinha milhares de usuários ativos. Alguns deles, mais ativos ainda — mas amigos apenas no campo virtual —, resolveram promover um encontro *ao vivo* em um dos bares de cervejas especiais de São Paulo. Fiz questão de comparecer por lá apenas na condição de convidado, já que a ideia e toda a promoção da festa tinham acontecido por iniciativa exclusiva dos usuários.

Lá pelo meio da festa, um dos convidados pediu para falar comigo em particular. Fomos até um canto menos agitado da festa, e ele me disse algo que jamais esquecerei: "Você salvou a minha vida."

Claro que, de início, atribuí a confissão ao efeito do álcool, já que algumas cervejas um tanto mais potentes rolavam no encontro. Dei uma de simpático e comecei a rir e brincar com o rapaz, no que ele me olhou de novo, mais sério e empertigado, e me pôs no meu lugar: ele nem sequer havia bebido; tinha acabado de chegar e estava ali única e exclusivamente para me dizer algo que ele precisava falar, e eu, ouvir. E foi me contando a sua história.

Ele era um bebedor de cerveja como a esmagadora maioria dos brasileiros. Tomava cerveja por tomar, engolida sem atenção e em quantidades enormes, às catadupas, com a intenção declarada de se embriagar. A exemplo de tantos e tantos bebedores, sua rotina era sair do trabalho nos finais de tarde e, com os amigos, enfiar o pé na jaca até tarde da noite. Sua esposa, assim como as dos demais amigos, nutriam rejeição à cerveja que tomavam — a Standard Lager de sempre, onipresente. Ela jamais o acompanhava, e as brigas diárias por conta do hábito estavam chegando a níveis insustentáveis. A um fio da separação, ele encontrou por acaso o site *Brejas*, e lá tomou conhecimento da variedade de cervejas que já se encontrava disponível no Brasil. Não apenas isso, ele entendeu que havia um mundo a se descobrir, muito além de simplesmente engolir cerveja ao ponto do congelamento. Entendeu que era possível prestar atenção em cada rótulo e em cada gole, sem necessariamente se empanturrar e se embriagar, mas com o mesmo prazer. Aprendeu a *degustar*, portanto. Um dia, em vez do bar e da carraspana de sempre, ele resolveu passar em uma delicatéssen — nos mercados ainda não havia a variedade de hoje — e comprar uma cerveja cuja descrição havia lido no site, e que, presumia, a esposa ia, com jeitinho, até gostar. Tiro certeiro. Após a descoberta a dois, ele mostrou o achado aos amigos do trabalho. Aos poucos, aconteceu a transformação: agora, todos se reuniam ou num bar com maior variedade de rótulos, ou na casa de um deles, para a doce brincadeira de degustar e aproveitar essa variedade de aromas e sabores. Detalhe: com as mulheres, e todos curtindo, juntos, as novas descobertas. Sua vida estava "salva".

Não deu para ficar *blasé* nesse momento. Fiquei emocionado, e só não fui às lágrimas porque não queria passar vexame. É claro que a descoberta ia acontecer a qualquer momento, em qualquer outro site. Mas tinha sido o *Brejas*, o *meu* site, o responsável pela transformação, mesmo pequena, de uma vida. Ali, naquele momento, compreendi, de fato, a carga de responsabilidade que eu tinha enquanto divulgador de uma bebida alcoólica. Percebi que hábitos — e vidas — podem ser mudados, bastando algumas palavras e certa receptividade de quem as lê. Senti o drama.

As duas histórias se entrecruzam em dois pontos específicos: o da consciência da multiplicidade de estilos de cerveja no mundo, e o real prazer que se pode obter ao consumi-las com atenção e responsabilidade. A isso eu chamo de *cultura cervejeira*.

Este livro trata justamente disto: mostrar a você que beber cerveja é muito mais do que deglutir à exaustão um líquido a uma temperatura quase glacial. Isso, é claro, se você quiser sair do lugar-comum, estiver aberto e disposto a aproveitar o mundo cervejeiro que agora se abre à sua frente. Quer tentar?

HISTÓRIA

QUEM INVENTOU A CERVEJA?

É natural associarmos cerveja aos eventos sociais masculinos por excelência: barzinhos, amigos, *happy hours*, festas. Guardadas as devidas proporções e exceções, a imagem mais clássica que ficou forjada entre as mulheres é que ela, a cerveja, é a responsável por parte dos eventuais dissabores de um casamento.

Mas essa má fama, esse horror patológico que muitas mulheres nutrem pela cerveja, guarda uma injustiça em relação à bebida. Isso porque, veja só, quem inventou a cerveja foram elas, as *mulheres*. Chocado?

Pois faça um exercício mental e imagine-se vivendo há cerca de 7 mil anos. Estamos em pleno período neolítico, popularmente conhecido como Idade da Pedra. Essa foi a era na qual nossos ancestrais deixaram aquela vida desregrada do nomadismo e optaram pela sedentarização, fixando-se em aldeamentos mais ou menos estáveis.

Tome como palco as terras férteis da Mesopotâmia, onde surgiram as primeiras civilizações, e que atualmente pertencem ao Iraque. Por lá, correm até hoje dois rios praticamente paralelos, o Tigre e o Eufrates. Entre eles, então, existia um vale prenhe de verde e vida, prontinho para ser cultivado. E, melhor, sem guerras iminentes, soldados americanos e malucos-bomba à solta.

Mesopotâmia, entre os rios Tigre e Eufrates nasce a cerveja.

Talvez o cenário idílico tivesse servido de inspiração para quem escreveu o livro de Gênesis, na Bíblia. Todavia, apesar das benfeitorias, o lugar estava longe de ser dos mais favoráveis, pelo menos se comparado à realidade tecnológica dos dias atuais.

Não havia estradas, veículos, saneamento nem remédios. Nas choupanas, cadeiras e camas eram de pedra ou lama meio seca. Os lugares eram ocupados segundo a idade ou posição social do indivíduo perante o clã. Nessas habitações, não havia paredes, e a lareira, fundamental para aquecer e manter vivo o grupo, mantinha o ar interno permanentemente enfumaçado. Sem as técnicas modernas de curtimento do couro, o vestuário compunha-se de malcheirosas peles de animais.

Mas nem tudo era essa miséria toda. Pelo menos no campo das descobertas, nossos ancestrais tinham do que se orgulhar. Foi nessa época que progressos técnicos fundamentais foram levados a cabo, como a roda, os machados e ferramentas de pedra polida, a moagem, a tração animal e a cestaria. E mais uma invenção, esta sim revolucionária: a divisão do trabalho entre os sexos.

Nesse mundo estranho, desolado e hostil, cabia à mulher alimentar sua prole, às vezes extensa. Enquanto o homem, aquele folgadão, se divertia pelos campos praticando o nobre esporte da caça ao mamute,

HISTÓRIA

era ela quem apanhava os grãos no campo e os punha para cozinhar, a fim de fazer algo que, naqueles tempos desprovidos de qualquer tecnologia, era o que mais se parecia com pão.

Não se sabe qual mulher foi, nem se foi só uma ou se foram várias ao mesmo tempo, em vários lugares. Acontece que um dos recipientes cheios de grãos de uma delas acabou esquecido ao relento, ao lado de uma das casas. Infelizmente, uma chuva caiu sobre os grãos, empapou-os e os fez germinar — iniciando o processo de malteação, no qual, como se verá com mais detalhes adiante, as sementes desenvolvem as enzimas específicas necessárias para a fabricação da cerveja.

A mulher resolveu então não desperdiçar aqueles grãos — onde já estavam aparecendo pequenas raízes —, provavelmente temendo a ira do marido quando voltasse para casa após a caçada. Ao colocá-lo para aquecer, surpresa: o líquido resultante era açucarado (hoje sabemos que o amido contido dentro dos grãos, por causa das enzimas produzidas pela inadvertida germinação, produz açúcares quando aquecido).

Perplexa e sem saber exatamente o que faria com aquele líquido, a mulher resolveu deixá-lo meio escondido dentro de casa enquanto pensava em sua própria sorte e na da filharada, que a essa altura chorava de fome. No meio da balbúrdia, chegou o marido — que não

Impressão de um cilindro sumério de cerca de 2600 a.C. retratando pessoas bebendo cerveja. O canudo servia para evitar-se as impurezas do fundo e da superfície do jarro.

23

trouxe o filé de mamute de sempre. Procurando o que comer dentro de casa, o homem se deparou com aquela cumbuca cheia de uma gosma esquisita, agora desprendendo estranhas borbulhas (produto da fermentação espontânea dos açúcares do líquido). Varado de fome, ele resolveu beber a esquisitice que, na verdade, já era tecnicamente a cerveja primeva. De uma só tacada histórica, duas invenções vieram à luz: a cerveja e o estereótipo familiar descrito no começo deste capítulo.

É desconhecido o destino da(s) inventora(s) da cerveja após a invenção. Sabe-se, porém, que nessa época as nascentes religiões cultuavam a figura da mulher, o feminino e o poder de gerar a vida. Nossa inventora tanto pode ter sido deposta pelo marido ou erguida em triunfo pelo clã, alçada à condição de divindade. O que realmente não se entende é a associação que se faz, nos dias de hoje, da cerveja como uma bebida essencialmente masculina, especialmente no Brasil.

Como veremos mais adiante, à mulher não foi reservado apenas o papel de descobridora involuntária da bebida — quase a totalidade das divindades relacionadas à cerveja e das mestras-cervejeiras até a industrialização eram mulheres. Como sempre, elas têm a força.

A DEUSA CERVEJEIRA

Hoje se sabe que a cerveja surgiu espontaneamente por todo o planeta, em várias épocas distintas, e que cada região a fabricava do seu jeito particular, conforme a variedade dos alimentos que a terra fornecia. Na Amazônia, os índios até hoje usam a mandioca. No Peru e na Bolívia, a Chicha é feita, desde os tempos dos incas, de milho mastigado posto para ferver. Japoneses a faziam de arroz; russos, com o centeio; e chineses, com trigo ou sorgo. Todavia, até onde vai o conhecimento arqueológico, foram mesmo os povos mesopotâmicos a fabricá-la pela primeira vez na face da Terra.

Mas como eram as primeiras cervejas da humanidade? Pouco se sabe sobre elas em relação aos seus aromas, sabores e aspectos visuais. Porém, de um fato todos temos certeza: elas serviam muito mais como *alimento* do que como líquido destinado à farra.

HISTÓRIA

Sim, alimento! Imagine-se o leitor naqueles tempos sem água encanada ou clorada, em que a única alternativa para matar a sede era curvar-se à beira do córrego mais próximo e sorver sofregamente a água disponível, geralmente contaminada com coliformes fecais dos bichos que tinham nela defecado correnteza acima. Sem remédios que honrassem o nome, e a despeito de quaisquer pajelanças que pudessem ser ministradas, um desarranjo intestinal quase invariavelmente levaria à morte.

Desde cedo se descobriu que a cerveja, além de efetivamente alimentar — já que possui calorias, minerais, vitaminas e outros nutrientes —, era mais saudável que a água. Embora a fermentação espontânea crivasse o líquido de bactérias, a beberagem era aquecida, o que levava ao extermínio de boa parte dos micro-organismos então letais. Por sua vez, o álcool resultante da fermentação dos grãos é um poderoso destruidor de micro-organismos patogênicos.

Além disso, pesquisas mais recentes indicam que as cervejas primevas eram também repositórios do antibiótico tetraciclina, e que o modo pelo qual se produzia a cerveja era, ao fim e ao cabo, uma forma de conservar os nutrientes dos cereais. Por fim, uma vez que, em essência, as cervejas são tentativas malogradas de se fabricar pão, foram por muito tempo apropriadamente chamadas de "pão líquido".

Antigos cervejeiros egípcios, macerando grãos de cevada.

E vamos combinar desde já: o mestre-cervejeiro daquelas eras era sempre a mulher, já que, pela divisão do trabalho, a ela era confiada a tarefa de preparar os alimentos, incluindo nessa conta a cerveja do clã.

A roda literalmente girou e o homem fundou, por lá mesmo na Mesopotâmia, a primeira civilização de que se tem notícia, a Suméria, há cerca de 6 mil anos. E, do panteão de deuses sumérios, uma deusa (sim, uma deusa *feminina*) tinha imenso destaque. Seu nome era Ninkasi, a deusa da cerveja, a quem coube a honra de ser uma das primeiras divindades inventadas pelo imaginário humano. Seu nome significava algo como "a dama que enche nossas bocas" e, mitologicamente, Ninkasi era filha da deusa-mãe Ninhursag.

Em um tablete de saibro de quase 4 mil anos, arqueólogos traduziram a mais antiga receita de cerveja do mundo, em forma de poema à deusa Ninkasi:

> Você é a única que maneja a massa, com uma grande pá,
> Misturando em uma cova o bappir
>   com ervas aromáticas doces,
> Misturando em uma cova o bappir com tâmaras ou mel.
> Você é a única que assa o bappir no grande forno,
> Coloca em ordem as pilhas de sementes descascadas,
> Você é a única que rega o malte jogado pelo chão,
> Os cães fidalgos mantêm distância, até mesmo os soberanos,
> Você é a única que embebe o malte em um cântaro
> As ondas surgem, as ondas caem.
> Ninkasi, você é a única que embebe o malte em um cântaro
> As ondas surgem, as ondas caem.
> Você é a única que estica a pasta assada em largas esteiras de palha,
> Ninkasi, você é a única que estica a pasta assada em largas esteiras de palha,
> Você é a única que segura com ambas as mãos o magnífico e doce sumo,
>   fermentando-o com mel
> O barril filtrador, que faz um som agradável,
> Você ocupa apropriadamente o topo de um grande barril coletor.
> Quando você despeja a cerveja filtrada do barril coletor,
> é como os barulhos dos cursos do Tigre e do Eufrates.

HISTÓRIA

E, assim, a cerveja passou a fazer parte fundamental do dia a dia da humanidade. Nutritiva, cheia de calorias, saudável e ainda trazia o maravilhoso bônus de alterar prazerosamente o humor das pessoas. Logo os povos da Antiguidade estabeleceram técnicas especiais para o cultivo dos grãos que a compunham. Por todo Oriente Próximo até hoje são encontradas evidências arqueológicas da sua extensa produção naquela época.

Do poema à Ninkasi se depreende que, desde priscas eras, a cerveja tinha também *status* sagrado, com uma deusa para chamar de sua. E, também, que os sumérios logo aprenderam a disfarçar seu provável sabor azedo utilizando mel, frutas (como as tâmaras) e "ervas aromáticas doces" durante a sua fabricação — exatamente como acontece hoje com outra erva, o lúpulo, conforme veremos mais à frente.

Sabe-se hoje que os sumérios chamavam a cerveja de *kas*, que significava, literal e apropriadamente, "aquilo que a boca deseja". Logo multiplicaram-se no reino as tavernas de cerveja, nas quais se trocava a bebida por mercadorias. Não raras vezes, o escambo era feito com a própria cevada. É possível que desde esses tempos já existisse a venda a crédito, a qual poderia proporcionar lucros às taverneiras através de

Placa suméria de terracota (2000 a.C.): o ato sexual e o hábito de beber cerveja eram cotidianamente conectados, já que a bebida tornava casais mais dispostos a produzir herdeiros.

27

juros (você leu certo: quem comandava as tavernas eram, de novo, as produtoras caseiras de cerveja, as mulheres).

Os babilônicos, outra civilização mesopotâmica fundada há 4 mil anos, detêm a fama de, segundo consta, adicionarem ervas de propriedades alucinógenas e ditas "afrodisíacas" à cerveja. Lendas e suposições à parte, é certo que, na Babilônia, a cerveja estava intimamente ligada ao ato sexual e à fertilidade.

Tornou-se célebre na internet a reprodução de uma escultura em terracota datada do século II a.C., cujo original se encontra no Museu Britânico, em Londres, na qual um casal copula enquanto a mulher bebe cerveja num jarro com um canudo — que, conforme anteriormente mencionado, costumava ser utilizado para se evitar consumir as impurezas que comumente boiavam na superfície ou se depositavam no fundo do recipiente.

Entre os soberanos da Babilônia, o mais conhecido foi o rei Hamurabi, que provavelmente viveu entre os anos 1792 e 1750 a.C. A ele se atribui a criação de um dos primeiros conjuntos de leis escritas da raça humana. Lá pela metade do monólito negro conservado até os nossos dias — e que hoje pode ser admirado no Museu do Louvre, em Paris —, leem-se admoestações do tipo:

> Se uma dona de taverna não aceitar grãos de acordo com o peso bruto em pagamento por bebida, mas aceitar dinheiro, e o preço da bebida for menor do que o dos grãos, ela deverá ser condenada e atirada na água.
> Se conspiradores se encontrarem na casa de um dono de taverna, e estes conspiradores não forem capturados e levados à corte, o dono da taverna deverá ser condenado à morte.
> Se uma irmã de um deus
>   abrir uma taverna ou entrar em uma taverna para beber, então esta mulher deverá ser condenada à morte.
> Se uma estalajadeira fornecer sessenta ka
>   de usakani,
>   ela deverá receber cinquenta ka de cereais na colheita.

HISTÓRIA

Mas não era apenas nas tavernas e estalagens que a cerveja dava o ar da graça nos tempos antigos. Assim como os babilônicos, outros povos contíguos, como os acadianos, hititas e, mais para a frente, os egípcios, exaltavam as qualidades divinas da bebida.

Não era para menos. Muito antes da descoberta das leveduras por Louis Pasteur no século XVIII da nossa era, é de se imaginar o espanto com o qual os antigos observavam o mosto cervejeiro borbulhar em sua fermentação espontânea. Sem qualquer explicação plausível, assim como para os terremotos e os trovões, a fermentação da cerveja sempre foi atribuída à obra de divindades que atuavam ali mesmo no líquido, ao vivo e em cores. Não era pouca coisa.

Já os efeitos alcoólicos da cerveja, que proporcionavam alterações de consciência, também eram comumente ligados ao sagrado. Os cultos religiosos envolviam desde danças que provocavam vertigens até o uso de cerveja como forma de "aproximar-se" das divindades. Alguém aí notou alguma semelhança com o Santo Daime ou crenças afins?

CERVEJA E PIRÂMIDES

A cultura cervejeira suméria e babilônica não tardou a fazer parte da vida dos egípcios. Ali também a breja se tornou parte de ritos sagrados e, com o tempo, se transformou em peça vital na economia da sociedade, materializando-se em forma de moeda de troca: o pagamento de quaisquer despesas passou a ser feito na forma de cerveja. Fontes históricas seguras afirmam que o pagamento aos operários da construção das pirâmides de Gizé foi integralmente feito por meio dela. É de se imaginar como essa "moeda" seria interessante caso a usássemos nos dias de hoje...

Desde que o mundo é mundo, uma regra básica

Representação egípcia em barro (cerca de 1500 a.C.). Na Antiguidade, o processo de fazer pão não era muito diferente de fazer cerveja.

jamais deixa de ser universalmente seguida: tudo que é bom e está em uso pelo povo deve ser tributado. Não foi diferente no Egito dos tempos ptolomaicos. Por volta de 3100 a 2700 a.C., a cerveja já alcançava a posição de base alimentar da população, motivo pelo qual os faraós viram ali uma excelente oportunidade de taxar sua circulação. Se hoje brandimos nossos punhos contra o preço das cervejas, muitas vezes altos demais em razão da excessiva tributação, devemos parte da nossa ira à nefasta sanha tributária faraônica.

Com o tempo, as técnicas cervejeiras egípcias foram se aperfeiçoando, a ponto de as cervejeiras do Egito fabricarem brejas não apenas com a cevada, mas também com uma varietal ancestral de trigo chamada *emmer*. Não demoraram a surgir diversos "estilos" de cerveja, de acordo com as especiarias — ervas, mel, raízes ou frutas — que nela eram colocadas como aromatizantes.

Textos antigos fazem menção aos diversos tipos de cerveja — então chamada *zythum* — que eram consumidos pelos egípcios, de acordo com a cerimônia religiosa ou mesmo na esteira do gosto popular do momento. Havia, por exemplo, cervejas "pretas", "doces", "espessas" e outras. Esses mesmos relatos historiográficos dão conta de que o faraó Ramsés III, por volta do ano 1170 a.C., doou aos sacerdotes do Templo de Amon a quantia exata de 466.308 ânforas de cerveja fabricada nas cervejarias reais, quantia que, provavelmente, correspondia a cerca de meio milhão de litros. Não à toa, Ramsés passou à história com o apelido que lhe deram à época, o de "Faraó Cervejeiro".

A importância da mulher na sociedade egípcia era de destaque, e ela possuía amplos direitos na herança paterna e materna, controle sobre os seus bens pessoais (mesmo quando geridos pelo marido, situação bastante corrente) etc. É certo, entretanto, que a mulher era encarada como tendo uma vocação essencialmente doméstica, sempre ligada à administração da casa, e também à fabricação de pão e... cerveja.

Com toda essa volúpia em torno da cerveja, é de se supor que os egípcios viviam diuturnamente embriagados. Todavia, tal suposição é desmentida pela História, até mesmo dado o nível de sofisticação tecnológica que alcançou a civilização egípcia, algo impossível de acontecer caso se tratasse de uma sociedade de ébrios. Nesse particular, uma inscrição em hieróglifo encontrada numa tumba de aproximadamente 1.500 anos adverte:

> Não se deixes vencer pela bebida das tavernas, a fim de que o que dizes não seja repetido e brote de tua boca sem perceberes que o disseste. Tu cairás ao chão, quebrarás teus ossos, e nenhum dos teus companheiros bêbados lhe estenderá a mão para ajudar. Ao contrário, eles se levantarão e o chutarão para fora da taverna.

Sem dúvida alguma, um sábio e, sobretudo, atemporal conselho...

A importância da cerveja para os egípcios não se restringia a este mundo, mas também ao reino dos mortos. A fim de regozijarem-se na vida eterna *post mortem*, os faraós faziam-se sepultar com todas as ânforas de boa cerveja que pudessem ser acomodadas nos salões das necrópoles. Até hoje são encontradas tumbas contendo essas ânforas que outrora serviram de deleite aos espíritos reais.

O desejo de vida eterna pode não ter se concretizado para os faraós, mas sem dúvida o foi em relação à cerveja. Por incrível que possa parecer, ainda hoje, em alguns aldeamentos do Egito e do vizinho

Sudão, ainda se faz cerveja — chamada *bouza* — seguindo as técnicas ancestrais egípcias (ensinadas pelos sumérios e babilônicos). À maneira dos antigos, a *bouza* ainda é bebida com canudinhos, e evita-se beber tanto as impurezas decantadas no fundo dos jarros quanto as que boiam na superfície.

A cerveja jorrou alegremente no Egito durante os séculos seguintes, até que...

O MOSTO DESANDA

Não é preciso ser botânico para saber que o caju, a acerola e a carambola, são frutos originários do Brasil. Houve um tempo em que eles brotavam nas ruas e no quintal das casas, espontaneamente, bastando estender a mão para colhê-los. O mesmo acontece em quase todos os países, com outras frutas e demais vegetais.

De maneira geral, o tipo de solo e as condições climáticas da Europa da Antiguidade e da Idade Média sempre ostentaram uma clara divisão. Imagine uma linha que começava na cidade norte-francesa de Caen, no Canal da Mancha, e corria ao sul até Genebra, na Suíça — abarcando, assim, além do oeste francês, toda a Península Ibérica. Depois, dava uma guinada a leste indo até Budapeste — engolfando toda a Itália — e ia morrer na Grécia.

Feitas as divisões, vamos ao espólio: ao sul dessa linha imaginária, as frutas — inclua a uva nessa conta — cresciam melhor e mais viçosas, motivo pelo qual tinham seu cultivo mais disseminado. Já ao norte, as condições eram muito mais favoráveis ao plantio dos cereais — e, sim, da cevada e do trigo.

É claro que você concluiu certo: desde sempre e até hoje, países como França, Itália e Portugal, no sul "frutuoso" da nossa linha imaginária, se notabilizaram pela produção e consumo do vinho. Já os países "cerealistas" ao norte dessa divisória, como Alemanha, República Tcheca, Bélgica e Reino Unido, sempre formaram regiões cultural e economicamente ligadas à produção de cerveja. Tudo isso, submetido à reflexão histórica, explica muita coisa, não?

HISTÓRIA

No ano 332 a.C., o Egito foi conquistado pelas tropas de Alexandre, o Grande. É incorreto dizer, porém, que a ocupação grega no país foi violenta. Pelo contrário. A cultura grega não pretendeu impor-se à cultura egípcia nativa, tendo os conquistadores apoiado tradições seculares, de forma a garantir a lealdade da população.

No clima da Grécia, as frutas cresciam em maior profusão e saúde do que os cereais, motivo pelo qual os gregos bebiam *vinho*. À semelhança da deusa suméria cervejeira Ninkasi, eles tinham também seu deus do vinho, Dionísio. A despeito da conquista, os gregos também não impuseram sua bebida à cerveja local, que continuou sendo normalmente produzida — embora não apreciada pelos conquistadores.

Ainda que não fizessem grande estrago na imagem da cerveja perante o resto do mundo, é certo, porém, que os gregos definitivamente não a tinham lá em alta conta. Embora tivessem sido, ironicamente, um dos primeiros povos dados à agricultura de grãos, muitos gregos consideravam que a cerveja afeminava os homens. Hipócrates (460-377 a.C.), considerado o pai da medicina, já tinha afirmado que "os

Representação egípcia em barro (cerca de 1500 a.C.). Na Antiguidade, o processo de fazer pão não era muito diferente de fazer cerveja.

homens são quentes e secos como o vinho, e as mulheres, frias e úmidas como a cerveja".

Teofrasto (372-287 a.C.), por sua vez, ponderava que todos os alimentos fermentados, principalmente a cerveja, eram fruto da decomposição e, portanto, "podres" (ignorando o fato de que o vinho *também* é um fermentado). Para Platão (428-348 a.C.), os bárbaros (povos do norte da Europa), por viverem em climas mais frios, precisavam beber mais cerveja, o que os tornava "por demais agressivos, instintivos e beirando à irracionalidade. Já Aristóteles (384-322 a.C.) defendia que os ébrios de vinho caíam para a frente e para os lados, enquanto aos bebuns cervejeiros só restava um destino possível: cair para trás, em poses certamente muito mais constrangedoras e humilhantes.

Não obstante o desprezo dos gregos à cerveja, do ponto de vista cervejeiro, uma data merecia ser apagada da História: o ano 30 a.C. Foi nele que os romanos, liderados pelo general Otávio, ávidos pelos cereais egípcios e suas terras férteis, derrotaram as tropas de Marco Aurélio e Cleópatra. Ao contrário dos gregos, Roma entrou no Egito metendo o pé na porta e mostrando quem mandava. Estabeleceu um governante local, reprimiu as revoltas e, muito mais importante, fez aplicar a cobrança de impostos. Inclusive, claro, sobre a cerveja.

Ao tomarem o Egito de assalto, os romanos logo relacionaram a bebida local, a cerveja, à bebida dos rivais conquistados — portanto, inferior ao vinho, sua própria bebida. E, naturalmente, ninguém queria igualar-se em hábitos a um povo inferior e conquistado econômica e culturalmente (não resisto em observar que isso acontece até hoje com o domínio norte-americano no campo da economia e da cultura...). Como Roma era os Estados Unidos da época, todo o resto do mundo conquistado pelos romanos passou a assimilar os costumes dos conquistadores, tanto no culto ao vinho quanto no desprezo à cerveja.

Foi a partir desse momento histórico que se perpetuou a noção, equivocada e infelizmente tida por muitos até hoje, de que o vinho é uma bebida "nobre" e a cerveja, "pobre".

BEBENDO NA IGREJA

Com o domínio romano do mundo "civilizado", começava a era das trevas cervejeiras. Em Roma, o culto a Baco, deus local do vinho, dos bebuns, dos excessos (principalmente sexuais) e da natureza, inaugurou apropriadamente a palavra *bacanal* em decorrência das festas de arromba que se realizavam em seu culto.

A cerveja, ainda consumida fora dos portões de Roma, nas regiões onde hoje está a Alemanha, República Tcheca e Escandinávia, era conhecida somente como a bebida dos bárbaros que, por sua vez, eram os sujos, feios, barbudos e malvadões da época, imaginados como animais selvagens e dignos de pena e escárnio por não estarem sob a augusta égide dos césares.

A cerveja bárbara era vista pelos romanos como um "suco malcheiroso de cereal putrefato". Numa das poucas referências à cerveja no período romano, o historiador Plínio, o Velho (23-79 d.C.), antes de ser morto na cidade de Stabia pela erupção do vulcão Vesúvio, cravou esta máxima:

> A população do oeste da Europa faz uso de um líquido com o qual diariamente se intoxica, feito de grãos e água. A maneira pela qual o fazem é ligeiramente diferente na Gália, na Espanha ou em outros lugares, e eles o chamam por diferentes nomes, mas sua natureza e propriedades são sempre as mesmas. O povo da Espanha, em particular, produz tal líquido tão bem, que ele pode permanecer potável por longo tempo. É tão notável a astúcia desses povos, seus vícios e apetites, que eles inventaram um método de tornar a própria água intoxicante.

O estrago, iniciado outrora pelos gregos, já estava feito e já não havia mais volta, pelo menos não naquela época e com o povo romano, já por demais influenciado negativamente em relação à cerveja. O vinho usurpara até mesmo a posição reservada à cerveja nos Evangelhos — por sua vez, traduzidos por romanos convertidos. Alguns

HISTÓRIA

Monge medieval fazendo cerveja; no alto, uma estrela de seis pontas atribuída à atividade cervejeira usada na Idade Média.

historiadores sustentam que o primeiro milagre de Jesus foi, de fato, transformar água em cerveja nas Bodas de Caná, e não em vinho. A tese encontra sentido pelo fato de a Judeia ser lugar de grãos e não de uvas, e o vinho era infinitamente mais caro que a cerveja, com preços impeditivos para ser servido em festas de casamento judaicas. Até hoje, em boa parte dos colégios alemães, nas aulas de estudo religioso, ensina-se essa versão aos alunos.

A vingança veio a galope, no ano 476, quando os barbudões bárbaros, resfolegando de fúria, invadiram Roma, puseram para correr o então imperador Rômulo Augusto e deram fim ao Império Romano do Ocidente. As trombetas soaram no fim do período que se convencionou chamar de Antiguidade e inauguraram oficialmente a Idade Média.

Todavia, os cervejeiros bárbaros não impuseram seus estranhos costumes aos romanos. Pelo contrário, muitos bárbaros invasores assimilaram a cultura romana. Some-se a isso a já falada incompatibilidade climática e de solo para os cereais, e a cerveja continuou a ser quase uma estranha na Europa romanizada, aquela da parte sul da linha imaginária

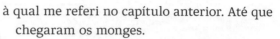

à qual me referi no capítulo anterior. Até que chegaram os monges.

Com o resultado do fim do Império Romano, a Europa tornou-se uma colcha de retalhos de populações rurais e tribos bárbaras em estranha mescla. A única instituição que não virou fumaça foi a Igreja Católica, que manteve o que restou de sua força intelectual, especialmente por conta da vida dentro dos mosteiros. Os únicos homens instruídos eram os monges — e entenda-se o termo "instruído" para aqueles que sabiam ler e escrever, pois o restante da população, incluindo a nobreza, era quase toda analfabeta.

Naquela época de trevas, grande desordem e incertezas, os mosteiros católicos medievais eram ilhas de segurança tanto física — na figura de suas onipresentes muralhas fortificadas — quanto intelectuais e espirituais. Para garantir um passaporte para o céu — e, portanto, uma vida infinitamente melhor que o *modus vivendi* medieval —, se você não tivesse tido a sorte de nascer nobre, era ótimo negócio engajar-se como monge, mesmo sendo obrigado a seguir bovinamente as regras do abade.

Os monges geralmente eram enxotados das camas de palha às duas da manhã pelos sineiros, que os convocavam ao primeiro dos seis serviços diários de oração. O que os esperava após as preces era um dia com cerca de oito horas de oração e meditação, mais seis de trabalhos pesados na lavoura do mosteiro, até o sono dos justos às seis e meia da tarde. Dia após dia.

No tocante ao saneamento básico e ao acesso à água potável, a Idade Média não diferia em quase nada da Antiguidade: beber água continuava a ser um risco mortal. Dessa forma, além das frutas e verduras, muitos mosteiros europeus passaram também a produzir vinho e... cerveja.

Cerveja e vinho, por motivos sanitários (além, é claro, das outras razões que você conhece) sempre foram largamente produzidos dentro

HISTÓRIA

dos monastérios católicos, sem causar qualquer constrangimento. Além de matar a sede e alimentar, eram especialmente consumidos na época dos jejuns: um jejum não era considerado quebrado se apenas se consumisse líquidos. Nos mosteiros ao norte dos Alpes, a bebida era definitivamente a cerveja, entre outras razões, em função do preço do vinho, mais alto nessa região. No Sínodo de Aachen, decidiu-se que os monges, nos dias em que não recebessem vinho, podiam ter à disposição o dobro em volume de "boa cerveja". A bebida era largamente consumida também nas refeições simples, constituídas essencialmente de pão, ovos, queijo e peixe.

Ao contrário do que parece, porém, a vida cervejeira em um mosteiro não consistia em embebedar-se o dia todo. Os excessos de álcool, quando aconteciam, eram exemplarmente punidos. São Columbano (540-615), um monge que dedicou sua vida a fundar mosteiros pela Europa, previa sanções drásticas ao religioso que se excedia na cerveja, recomendando o trancafiamento do ébrio a pão e água por, no mínimo, doze dias.

Certa vez, impingiu quarenta dias dessa severa penitência a um monge que, "de tão bêbado, vomitou a hóstia santa". Embora fosse a espada dos bebuns, São Columbano pode ser considerado um padroeiro da cerveja: em quase todo monastério fundado por ele, havia uma cervejaria.

A cerveja produzida dentro dos muros dos monastérios medievais servia para consumo próprio e, em muitas situações, para matar a sede e a fome dos peregrinos que acorriam aos mosteiros. Posteriormente, quando as abadias enriqueceram, sobretudo graças a doações de cristãos devotos, muitos mosteiros contrataram trabalhadores para cuidar dos campos de malte, o que permitiu a muitos religiosos trabalharem em outras atividades, incluindo a de taverneiro. Não se choque: era comum na Idade Média os

39

monastérios abrigarem adegas e cervejarias separadas para os próprios monges, para os hóspedes importantes e também para os peregrinos.

Sabendo ler e escrever, e transmitindo por escrito as receitas cervejeiras de monge para monge através de gerações de religiosos, foram os monastérios os grandes impulsionadores da cultura cervejeira na Idade Média. Por causa deles, a cerveja não apenas se livrou da extinção, como suas receitas foram aperfeiçoadas ao longo de séculos de tentativas, erros e acertos.

Além disso, *grosso modo*, foram os monges católicos os primeiros a dividir com as mulheres a arte de fazer cerveja, embora fora dos muros monásticos, nas habitações da plebe, ainda fossem elas as cervejeiras. No primeiro milênio da era cristã, os povos que mais produziam cerveja dentro de casa eram os celtas e os germânicos.

AS MULHERES CONQUISTAM O LÚPULO

Responsável por conferir amargor e aroma às cervejas modernas, o lúpulo até então não era usado nas receitas de cervejas medievais. O aromatizante da moda era o *gruit*.

Destinado a proporcionar aroma e sabor à cerveja antes do uso extensivo do lúpulo, o *gruit* compunha-se de uma mistureba de ervas que poderia conter, conforme a época e o produtor, zimbro, gengibre, murta-do-pântano, cominho, anis, noz-moscada, canela, alecrim, artemísia, junípero e muitas outras — até mesmo o próprio lúpulo.

Os cervejeiros antigos, desconhecedores do motivo pelo qual se dava a fermentação, acreditavam que as borbulhas fermentadoras da cerveja procediam do gruit. Por esse motivo, estabeleceram-se ricas guildas produtoras do aromatizante, fazendo crescer os olhos dos governantes, que não tardaram a estabelecer pesados impostos sobre o produto, também chamado, erroneamente, de *fermentum*. Na segunda metade do século XIII, a cobrança de tributos sobre o *fermentum* era tão difundida que era capaz de enriquecer a nobreza da época.

Por sua vez, o lúpulo, que desde priscas eras crescia espontaneamente como erva daninha nas encostas das estradas, até então era mais conhecido pelos seus efeitos calmantes. Nos mosteiros, há relatos que a erva tenha sido largamente usada como chá contra os "desvios de espírito", ou seja, uma espécie de redutor do desejo sexual, cujo objetivo era preservar os votos de castidade. Até que apareceu uma mulher.

Na Idade Média, era costume entre a nobreza oferecer o décimo filho ou filha à Igreja — outra espécie de dízimo. Assim, em 1106, com oito anos de idade, a pequena Hildegarda von Stein foi confiada a Jutta von Sponheim, mestra de um grupo de monjas enclausuradas num pequeno eremitério anexo ao mosteiro alemão de Disibodenberg. Na época, os mosteiros beneditinos eram vistos como os melhores centros de cultura e erudição que a Europa poderia oferecer a quem se dispusesse a seguir a vida monástica.

Desde cedo Hildegarda manifestou sua grande inteligência, tornando-se logo conhecida como teóloga, naturalista, médica, poetisa,

Santa Hildegarda de Bingen.

dramaturga, além de outras habilidades. Foi, sem a menor sombra de dúvida, uma heroína de seu tempo, rompendo as barreiras dos preconceitos que existiam contra as mulheres naquela época de trevas.

Hildegarda de Bingen, que entrou para a História após ter sido a mestra do mosteiro alemão de Bingen am Rhein, injustamente nunca foi canonizada. Mas, entre os cervejeiros de ontem e de hoje, ela é mais que uma santa. Foi por intermédio de um de seus muitos livros, *Liber subtilitatum diversarum naturarum creaturarum* (Livro das propriedades — ou sutilezas — das várias criaturas da natureza), de 1167, que veio à luz o conhecimento do lúpulo aplicado à cerveja. Dizia Hildegarda que o lúpulo era uma planta "excelente para a saúde física", além de "muito útil como conservante para muitas bebidas".

Foi tudo o que queriam ouvir os príncipes das chamadas "cidades-Estado" germânicas, ávidos por se verem livres do domínio da Igreja Católica, que à época controlava e tributava o comércio do *gruit*. Promovendo o uso do lúpulo como aromatizante na cerveja, os príncipes minavam o poder da Igreja, cortando o rendimento das ordens monásticas que, até então, detinham o poder sobre a sua venda. De fato, além dessa razão meramente política, comprovou-se na prática o que Hildegarda afirmava: a cerveja poderia ser conservada por muito mais tempo quando se utilizava o lúpulo em sua elaboração, poder que o *gruit* não detinha. A cerveja lupulada, então, passou a ser uma importantíssima aliada de Martinho Lutero em sua Reforma Protestante.

A partir de então, a adoção do lúpulo na cerveja foi acontecendo paulatinamente por toda a Europa, na mesma medida que o *gruit* foi sendo gradualmente esquecido. O golpe final, porém, aconteceu mais tarde, em 1516, com a promulgação da Reinheitsgebot, ou Lei de Pureza da Baviera — a qual veremos com mais detalhes no capítulo "A escola alemã" —, que forçava os produtores locais a adotar o lúpulo como único ingrediente de aroma em todas as suas cervejas.

O nome de Hildegarda foi incluído no *Martyrologium Romanum* como beata pela Igreja Católica. Mesmo não sendo oficialmente santa, seu dia, 17 de setembro, aniversário de sua morte, é comemorado em muitas dioceses na Alemanha.

HISTÓRIA

A REVOLUÇÃO DA CERVEJA "GUARDADA"

Os ingredientes da cerveja, bem como a forma pela qual é feita, serão melhor analisados no decorrer deste livro. Para não perder o fio da meada, contente-se em saber, por enquanto, que a cerveja possui duas grandes "famílias". Tal qual a árvore genealógica de qualquer família de carne e osso, a da cerveja começa com os dois "patriarcas" *Ale* e *Lager* (pronuncia-se "êiou" e "láguer"). Ambos se relacionam ao tipo de fermentação de uma breja. A partir desses dois métodos, ramificam-se na árvore os estilos de cerveja.

Desde os tempos de Ninkasi até o século XVI, toda cerveja na face da Terra era pertencente à família Ale, e isso se dava porque o homem não tinha a menor noção do processo de fermentação das brejas. Na verdade, os fermentos eram inoculados nas cervejas naturalmente, já que estão presentes no ar que respiramos. Essas leveduras selvagens contidas na atmosfera, quando em contato com o açúcar, produzem naturalmente álcool e gás carbônico.

Quando o mosto cervejeiro — papa açucarada resultante da maceração da água com o grão — era posto pelos cervejeiros em recipientes abertos, um estranho fenômeno automaticamente acontecia sem que ninguém interviesse. Ao verem borbulhas *fervendo* na superfície do líquido, os antigos, à falta de explicação mais plausível, tinham plena certeza de que se tratava de intervenção divina e nada mais.

Acontece que, como inúmeros tipos de levedura estão presentes no ar respirável — todas elas podendo atuar no mosto —, cada cerveja saía de um jeito. A palavra *regularidade* era uma total desconhecida quando se tratava do resultado da produção de cerveja.

Certo controle desse processo só foi desenvolvido na Idade Média. Os cervejeiros medievais descobriram que a espuma resultante da "mágica", que transbordava dos tanques abertos onde descansava o mosto — na verdade, cheia de células de levedura — poderia ser recolhida e reaproveitada em outros tonéis de mosto. Instintivamente,

Alberto V, duque da Baviera de 1550 a 1579.

mesmo sem imaginar que existissem micro-organismos menores que as pulgas que habitavam suas roupas, esses cervejeiros conseguiram alcançar um processo muito mais consistente na produção de cervejas.

Todavia, nem esse controle rudimentar era suficiente quando chegava o verão. Em temperaturas mais altas, as leveduras selvagens, flutuando pela atmosfera, agitavam-se e multiplicavam-se em ritmo incontrolável, tanto em número quanto em tipos e subtipos. Em cada verão, os cervejeiros medievais eram obrigados a se deparar com a inconstância da qualidade das cervejas.

O problema não escapou da atenção dos governantes europeus. Em 1553, o duque Alberto v da Baviera decretou que toda cerveja só poderia ser feita entre 23 de setembro e 29 de abril de cada ano — outono e inverno europeus. O decreto, porém, continha uma brecha legal: a cerveja feita nos meses frios poderia ser guardada para ser consumida durante a primavera e o verão. Sem saber, Alberto foi o impulsionador de uma nova família de cervejas.

Aproveitando-se dessa brecha, os cervejeiros alemães logo puseram-se a matutar sobre qual diabos poderia ser o local de estoque das brejas,

HISTÓRIA

posto que deveriam ser guardadas em local refrigerado a fim de não azedarem. Por sua vez, a refrigeração mecânica ainda demoraria quase quinhentos anos para ser inventada, e não havia nem sombra de geladeiras e câmaras frias. Até que alguém teve a brilhante e providencial lembrança: as cavernas nas encostas dos Alpes permaneciam geladas durante todo o ano, incluindo nos meses quentes. Após a última fermentação, era ali que os cervejeiros bávaros guardavam a cerveja durante o verão — e o termo Lager vem da palavra alemã *Lagern*, que significa guardada, armazenada. Com isso, observou-se que, a baixas temperaturas, os fermentos acumulavam-se no fundo dos tonéis — vem daí o termo em inglês *bottom fermented*, ou "fermentação de fundo", relacionado às cervejas Lager, e traduzido erroneamente em português para "baixa fermentação". O resultado era uma cerveja bem mais clara e transparente, bem diferente das brejas escuras e opacas de então.

Hoje é consenso entre os bioquímicos que, com a prática *Lagern* disseminando-se entre os cervejeiros bávaros, ocorreu uma mutação genética ou seleção natural das leveduras Ale até então utilizadas no processo produtivo das cervejas, dando origem a uma nova cepa que

Gravura de Otto von Ruppert (1890) retratando a preparação de cerveja em indústria do século XIX.

fermentava melhor a cerveja em temperaturas mais baixas. Essas cervejas também tinham a vantagem de possibilitar maior tempo de armazenamento, o que resultou em seu transporte para regiões mais longínquas e, por conseguinte, tornando-se mais viáveis do ponto de vista comercial. Estava inaugurado o tempo da "revolução Lager", a cerveja que viria a dominar o planeta.

As novas cervejas Lager encontraram terreno fértil para evoluir suas características visuais mais claras, que tanto agradavam ao bebedor, a partir do século XVII, com a disseminação do uso do coque — um combustível derivado do carvão betuminoso — para a secagem dos maltes cervejeiros. Antes dele, os maltes eram secos e torrados em antigas fornalhas alimentadas a lenha, carvão vegetal ou palha, práticas que resultavam invariavelmente em cervejas com aroma e gosto de fumaça e queimado, características que certamente não agradavam a todos.

Outro marco histórico revelou-se decisivo para o estrondoso sucesso das cervejas Lager. Era o começo do século XIX e, na cidade de Plzeň (em alemão, Pilsen), na República Tcheca, os cidadãos estavam abespinhados com a baixa qualidade e durabilidade da cerveja Ale local, uma tal Oberhefenbier, hoje extinta. Conta a lenda inclusive que, certa noite, os bebedores da cidade, em protesto, invadiram as tavernas, arrancaram de lá os tonéis de Oberhefenbier e os despejaram em frente à catedral gótica de São Bartolomeu, na praça central.

Os líderes municipais resolveram então levar a cabo um antigo projeto de construir uma cervejaria decente em Plzeň, capaz de produzir uma cerveja mais palatável aos sedentos cidadãos. Detalhe importante: por imposição geral, essa nova cervejaria deveria mandatoriamente produzir a nova cerveja que estava sendo largamente consumida na vizinha região da Baviera, mais clara e leve, além de muito mais durável — a Lager. Para isso, necessitavam importar um mestre-cervejeiro bávaro que fizesse o serviço nos conformes.

Pode-se dizer que o alemão Josef Groll tinha pedigree: seu pai já tinha obtido sucesso em elaborar uma deliciosa cerveja Lager na cidade de Vilshofen, na Baixa Baviera. Tendo aprendido o ofício paterno, o jovem Josef tinha tudo para se tornar notável na Boêmia. E tornou-se. Contratado pelos patriarcas de Plzeň como mestre-cervejeiro da nova cervejaria da cidade — a Bürgerliches Brauhaus, ou "Cervejaria dos

HISTÓRIA

Cidadãos" —, em 5 de outubro de 1842, Groll apresentou à cidade o primeiro lote da sua breja, caracterizada por ingredientes da região (lúpulos da varietal Saaz, água "macia" do subsolo de Plzeň e maltes pálidos). A partir de então, mais nenhuma gota de cerveja foi despejada na Praça da República, e os protestos na cidade cessaram como que por encanto.

O nome dessa breja passou à posteridade como Plzeňský Prazdroj, mais conhecida por seu nome em alemão Pilsner Urquell — já que os espertos tchecos logo viram que o nome germânico era bem menos difícil de ser pronunciado do que em seu próprio e quase incompreensível idioma. Como o nome sugere, *urquell*, em alemão, ou *prazdroj*, em tcheco, quer dizer "origem". A Pilsner Urquell é considerada a primeira cerveja do estilo Pilsen a ser fabricada no planeta.

A aceitação da nova cerveja Lager, bem mais leve e fácil de beber, foi total, a ponto de os bávaros e tchecos praticamente abandonarem as antigas Ale ao longo dos anos que se seguiram à invenção. Na Boêmia de 1860, havia 281 cervejarias que produziam cervejas Ale para 135 de produção Lager. Essa proporção se inverteu drasticamente apenas dez anos depois; em 1870 existiam 831 cervejarias especializadas em Lager

Gravura da cervejaria Pilsner Urquell, cerca de 1842.

contra apenas dezoito cuja produção ainda era tocada na base das brejas Ale. O estrondoso sucesso aconteceu justamente com a ascensão da indústria cristaleira na região: pela primeira vez, podia-se apreciar o aspecto visual da cerveja nas novas taças de cristal transparente, já que até então só se bebia em canecas de louça, estanho ou madeira. A cerveja Pilsen, dourada, translúcida e encimada por alvíssima espuma, era muito mais agradável aos olhos quando apreciada através do cristal do que as antigas Ale, com maltes defumados, escuras e opacas.

Como um rastilho de pólvora, as cervejas Lager saíram da Baviera e ganharam o mundo, transformando-se em pouco tempo na família cervejeira mais consumida.

É preciso, neste momento da narrativa, abrir um parêntese: não confunda o *estilo* Pilsen com a *família* Lager. Pegando emprestado um conceito biológico para explicar, Lager é gênero, enquanto Pilsen é espécie. Uma cerveja Pilsen obrigatoriamente é uma cerveja Lager, enquanto o contrário pode não ser verdadeiro (veja mais sobre isso em "Estilos"). O estilo Pilsen, o verdadeiro, continuou sendo elaborado na República Tcheca e na Alemanha e, ultimamente, vem sendo replicado em outros países em menor escala. A regra, porém, é a cerveja Standard Lager, aquela que você encontra em qualquer bar, em latinhas ou em garrafas de 600 ml, embora muitas delas contenham a frase "cerveja tipo Pilsen" no rótulo, por força da legislação brasileira.

CERVEJAS EM SÉRIE

Nascido na França em 1822, filho de um sargento da armada napoleônica, o jovem Louis Pasteur nunca foi um aluno especialmente aplicado ou brilhante na juventude. Foi na universidade, porém, que mostrou seu gênio, sendo laureado com a concessão da Légion d'Honneur francesa em decorrência de suas pesquisas no campo da cristalogia, com apenas 26 anos. Pasteur, então, começou a se interessar pela química e se tornou professor da disciplina na Universidade de Estrasburgo. Uniu o útil ao agradável e conquistou a jovem Marienne, então filha do reitor daquela academia, com quem se casou.

HISTÓRIA

Foi quando lecionava química na Universidade de Lille que foi procurado pelos cervejeiros da região, exaspreados com um grave e antigo problema: a cerveja que produziam estava azedando demais, o que comprometia produções inteiras. Utilizando o microscópio, Pasteur pôs mãos à obra, topando com minúsculos seres vivos a habitar a cerveja, invisíveis a olho nu. O mistério da estranha ebulição do mosto cervejeiro, antes atribuído aos deuses da ocasião, estava finalmente resolvido: eram as leveduras, organismos unicelulares, que trabalhavam na fermentação da cerveja, transformando açúcar em álcool e gás.

Pasteur cumpriu seu contrato com os cervejeiros e identificou os fungos responsáveis pelo processo de azedamento das brejas alsacianas. De quebra, deu de bandeja a solução para o problema: aquecer lentamente a cerveja até alcançar 48° C, de forma a defenestrar os fungos feios, sujos e malvados, e posteriormente encerrar a breja em recipientes hermeticamente lacrados para evitar nova contaminação. Estava inventado o processo da pasteurização, utilizado até hoje, com algumas modificações, na indústria cervejeira — e em milhares de outros produtos alimentares.

Louis Pasteur usando o aparelho para o resfriamento e fermentação durante seu trabalho sobre cerveja. Gravura de Louis Figuier, 1870.

É que, logo após a descoberta, o cirurgião britânico Joseph Lister aplicou os conhecimentos de Pasteur para eliminar os micro-organismos vivos em feridas e incisões cirúrgicas. Em 1871, o próprio Pasteur obrigou os médicos dos hospitais militares da França a ferver todo o instrumental e as bandagens antes de serem utilizados nos pacientes. Na mesma época, expôs sua "Teoria germinal das enfermidades infecciosas", segundo a qual toda doença infecciosa tem como causa um micróbio com capacidade de propagar-se entre as pessoas. Observou, pela primeira vez, que se deveria buscar o bichinho responsável por cada enfermidade, a fim de combatê-la adequadamente. Terminou por descobrir diversas vacinas — a mais famosa delas é a antirrábica.

Para pensar na mesa do bar, entre um gole e outro: e se Pasteur jamais tivesse sido procurado pelos cervejeiros de Lille? Quanto tempo demoraríamos até descobrir que os micróbios "do mal" matavam gente? Quantas vidas pouparam, mesmo indireta e inadvertidamente, os cervejeiros franceses?

As cervejas começaram a correr o mundo a reboque da Revolução Industrial. A invenção do motor a vapor deu esse pontapé, mas foi uma criação do alemão Carl von Linde que fez com que a grande indústria cervejeira se tornasse uma realidade. Em 1894, a pedido da cervejaria irlandesa Guinness, Linde começou a desenvolver o primeiro sistema de refrigeração artificial. O leitor já deve ter matado o resultado da utilização da nova invenção do ponto de vista cervejeiro: a partir dela, a fermentação controlada das cervejas poderia ser feita em qualquer época do ano, e em qualquer lugar que dispusesse do novo equipamento. Por conseguinte, as cervejas Lager, as quais requeriam temperaturas mais baixas (de 6° C a 13° C) para fermentar, não precisavam mais ser armazenadas nas cavernas alpinas. E uma terceira conclusão, mais prosaica: se hoje todos temos geladeiras e freezers em casa, agradeçamos à cerveja.

Novas invenções passaram a ser aplicadas à cerveja, como o termômetro, o microscópio e o densímetro. Em 1876, o bioquímico dinamarquês Emil Christian Hansen, empregado no laboratório da cervejaria Carlsberg, em Copenhague, conseguiu pela primeira vez isolar culturas puras de leveduras Lager. Com tudo isso, ao raiar do século XIX, a bebida definitivamente deixou de ser uma atividade doméstica e passou a ser produzida pelas fábricas, as quais tinham dinheiro para

HISTÓRIA

manter câmaras refrigeradas artificialmente — controlando melhor a fermentação e maturação das brejas — e veículos que podiam transportá-las a qualquer lugar que se pensasse, transformando a bebida num sucesso comercial que movimentaria grande fortuna e criaria impérios. Da Europa ao Japão, chegando aos Estados Unidos e à América do Sul, a cerveja chegou ao século xx com o *status* de *commodity*.

Foi o estilo Standard Lager o motor dessa invasão mundial. Com a fortuna das grandes cervejarias, foi possível investir cada vez mais em tecnologia, a fim de baratear a produção de cerveja. Na década de 1930, o neozelandês Morton Coutts inventou um método de produção capaz de acelerar a fermentação — e, por conseguinte, a produção — das cervejas Lager. Ao longo dos anos, a indústria cervejeira passou a desenvolver o método denominado de *high maltose*, no qual é adicionado milho como adjunto à cerveja a fim de aumentar sua produção. A legislação brasileira permite que a cerveja nacional contenha até 45% desses adjuntos em substituição ao malte.

Em 1957, William K. Coors, que na época era presidente da Adolph Coors Company (precursora do atual grupo cervejeiro), começou a

Laboratório de leveduras e de testes da Carlsberg, 1890.

pesquisar com sua equipe de engenheiros a viabilidade de um recipiente de alumínio reciclável para a cerveja. Na época, o líquido era acondicionado em recipientes de estanho, que não só davam à breja um gosto esquisito, como também resultavam em problemas ambientais devido aos resíduos que produziam. Após vários protótipos, Coors e sua equipe finalmente conseguiram desenvolver a versão final da latinha de alumínio, em uso hoje por toda a indústria cervejeira. O primeiro lote com a nova embalagem foi colocado no mercado americano em 22 de janeiro de 1959.

Feitas em massa, utilizando menos ingredientes nobres e mais artifícios para aumentar volume e diminuir custos, as cervejas Standard Lager atuais ganharam em popularidade. Como já mencionado, trata-se, de longe, do estilo mais difundido no mundo. Baratas e acessíveis, são elas as lembradas por 90% da população mundial quando se pronuncia a palavra *cerveja*. Todavia, um efeito colateral é inegável: tais cervejas perdem em aromas, sabores e, além disso, em personalidade.

Seria esse o fim da cerveja como nos velhos tempos, feita de maneira artesanal e menos estandardizada?

As latas de alumínio surgem no final da década de 1950.

HISTÓRIA

O MUNDO CERVEJEIRO DIVIDIDO

Tanto o Brasil quanto o resto do mundo vivem hoje uma época em que, nas prateleiras dos supermercados, é cada vez mais corriqueiro o consumidor se deparar com dois tipos de cerveja. As mais encontradas, vendidas geralmente em "caixas" de latinhas, são aquelas ditas "comuns", que ele identifica pelos comerciais de TV que está farto de ver. Todavia, caso olhe com mais atenção, poderá encontrar uma espécie de cerveja com cujos rótulos não está acostumado. Com nomes estranhos, não identificáveis por meio de nenhum marketing de que o consumidor possa se lembrar, essas cervejas geralmente são apresentadas em garrafas com formatos diferentes da "ampola" do boteco. Seus preços, em geral, são mais elevados, às vezes espantando o bebedor desinteressado.

O que, de fato, diferencia essas duas categorias de cervejas tão opostas? O que caracteriza, afinal, as cervejas Standard Lager industriais, produzidas em massa, vendidas em "caixas" de latinhas ou "ampolas"? Que tipo de fronteira é possível estabelecer entre elas e aquelas outras cervejas *diferentes*, feitas, em geral, de forma artesanal e em menor escala, tanto aqui quanto no exterior?

O escritor cervejeiro americano Randy Mosher possui uma frase lapidar que define, com precisão certeira, cada um dos tipos de cerveja:

> Se a pessoa que produz a cerveja detém o poder de decidir o que vai fazer, trata-se de uma cerveja artesanal; se a decisão, ao contrário, pertencer ao departamento de marketing ou a "pesquisas de mercado", então, definitivamente, a cerveja não é artesanal.

Com efeito, a mesma diferenciação pode ser aplicada no campo da gastronomia. Evidentemente, um hambúrguer daqueles vendidos prontos e congelados, bastando aquecê-lo em micro-ondas, não se compara de forma alguma a um prato elaborado pelas mãos e pela criatividade de um *chef* de cozinha. Uma rede de lanchonetes estilo *fast-food* não pode se igualar a um restaurante que serve até mesmo a mais prosaica comida caseira, cujo cozinheiro sempre estará a postos para ouvir elogios, sugestões e críticas.

53

A Brewers Association, entidade que reúne os fabricantes de cervejas artesanais nos Estados Unidos, possui definições acerca do termo "cervejaria artesanal" no país, promovendo o que se chama de Nova Escola Cervejeira Americana:

- Cervejarias artesanais são, obrigatoriamente, pequenas cervejarias.
- A marca das cervejarias artesanais é a inovação, ao interpretar estilos históricos com características únicas e desenvolver novos estilos de cervejas.
- As cervejas artesanais geralmente são elaboradas com ingredientes tradicionais (como a cevada maltada); ingredientes "não tradicionais" são muitas vezes adicionados à cerveja artesanal para realçar seu caráter distintivo.
- Cervejarias artesanais tendem a ser muito envolvidas em suas comunidades em filantropia, doações de produtos, voluntariado e patrocínio de eventos.
- Cervejeiros artesanais adotam abordagens individuais e personalizadas para se conectarem com seus clientes.
- Cervejarias artesanais mantêm a crença na independência.

Há também outro fator que ajuda a estabelecer e explicar essas diferenças: as campanhas de marketing das cervejas Standard Lager produzidas em massa e as artesanais. As primeiras são milionárias, sempre lançando mão das agências mais badaladas e criativas, das mulheres mais atraentes e seminuas, das praias mais idílicas e ensolaradas, da gente mais bonita e "descolada", dos artistas de axé, samba e sertanejo mais famosos, dos motes mais bem-sacados, das músicas e bordões mais pegajosos. Quase nunca se fala do produto ou dos ingredientes a partir dos quais é elaborado; o que se deseja é fazer o consumidor se apaixonar pela *marca*, não pela cerveja em si.

Já as campanhas publicitárias das cervejas artesanais quase não existem. A esmagadora maioria da divulgação é feita na base do boca a boca, a partir de quem já as experimentou — e gostou. Algumas cervejarias mais ousadas arriscam-se a pagar por páginas de propaganda em revistas — embora essas peças, via de regra, falem sobre o produto e seus insumos, sem apelações femininas ou musicais. Há também os blogs cervejeiros, que formam opiniões, tanto no exterior — em maior número — quanto aqui no Brasil, onde a atividade blogueiro-cervejeira se encontra ainda em expansão. E só.

É conhecida a mania universal de torcer sempre para o lado mais fraco, para a *zebra*. Transportada a esquisitice humana para o mundo das cervejas, é muito mais natural — e fácil — torcer desbragadamente para o time das cervejarias artesanais, a menos que você seja um apaixonado inveterado pelo seu rótulo "do coração". Todavia, voltando ao campo dos fatos nus, é correto dizer que as cervejas Standard Lager produzidas em massa são *ruins*, se comparadas às artesanais?

A lógica subverte o senso comum: as grandes indústrias cervejeiras, forçosamente, têm muito mais grana do que as artesanais. Sendo assim, têm muito mais poder de negociação para contratar os melhores profissionais que as universidades cervejeiras podem produzir. E, de fato, contratam mesmo. Nas grandes cervejarias há sempre uma constelação de cabeças privilegiadas, cientistas renomados e mestres cervejeiros de mão-cheia fazendo cerveja. Nesses parques fabris, é preciso dizer, há o que de melhor o dinheiro pode comprar em termos de equipamentos e tecnologia cervejeira de ponta. Mas então por qual razão as cervejas Standard Lager das grandes indústrias são geralmente iguais, carecendo de aromas, sabores e personalidade?

A resposta pode ser encontrada na afirmação de Randy Mosher alguns parágrafos antes: a fórmula dessas cervejas é engendrada não por esses profissionais, mas pelo *mercado*. É o chamado "gosto geral", ditado pelas pesquisas de marketing, que vai determinar como uma cerveja vai ser quando sair dos tanques de

Heineken, cerveja de "massa" a não utilizar adjuntos cervejeiros de produtividade.

maturação. O "capital" não admite erros, e é avesso a experimentações: se mais de 90% da população prefere uma cerveja barata, refrescante, leve e quase insossa, é assim que ela será e ponto-final.

O papel dos profissionais contratados a peso de ouro é apenas um: fazer com que essa cerveja saia dos tanques com o menor número de defeitos possível, a fim de não causar rejeição ao público-alvo. Esses profissionais são bem-pagos para colocar em prática, da melhor forma, o que o dono da fábrica determina que eles façam — e não o que eles *querem* fazer.

Você perguntaria: então essas cervejas são *ruins*? Sim e não! Em geral, elas não frequentam a *minha* geladeira, no que posso concluir que, *para mim*, elas, sim, são ruins. Contudo, para 90% do resto da espécie humana bebedora de cerveja, elas são ótimas para os fins a que se destinam, a saber: serem baratas, refrescar e, para muitos, de quebra, proporcionar embriaguez.

Nem todos os grandes grupos cervejeiros produzem cervejas com milho e arroz — os vilões da vez, por conta de um sistema de fabricação *high maltose*, geralmente execrado pelos degustadores mais exigentes —, além de água, malte, lúpulo e levedura: a megacervejaria holandesa Heineken produz orgulhosamente sua breja utilizando apenas os quatro ingredientes básicos e nada mais. Seu caráter lupulado faz com que muitos consumidores brasileiros a considerem *amarga demais* aos seus paladares desacostumados com o ingrediente; mas, mesmo com as eventuais rejeições, o grupo cervejeiro jamais cogitou alterar sua receita original. A Heineken é a cerveja preferida de nove entre dez degustadores quando se fala em cervejas do estilo Premium Lager "de massa".

Por outro lado, nem todas as cervejas com milho e arroz são execradas por quem entende — ou diz que entende — de cerveja. A clássica breja artesanal belga com nome e sobrenome, Gouden Carolus Cuvée van de Keizer Blauw, unanimidade entre os degustadores como uma das melhores do mundo, tão robusta e complexa que, a exemplo dos grandes vinhos, melhora com o tempo de guarda, possui milho entre seus insumos. Claro que a diferença não está na simples presença do ingrediente, e sim no seu uso; nesta cerveja, ao contrário das Standard Lager industriais, o cereal é inserido para conferir corpo ao conjunto — e não simplesmente aumentar sua potência alcoólica.

A questão é tão complexa que, só para confundir, há ainda as cervejas que em seus rótulos intitulam-se "premium". Os dois mais importantes guias de estilos mundiais de cerveja (Brewers Association (BA) e Beer Judge Certification Program (BJCP), sobre os quais falo no capítulo "Estilos") permitem que as cervejas "Premium Lager" utilizem até 25% de adjuntos como milho e arroz em sua composição. Todavia, sem menção na legislação brasileira, é sabido que muitos fabricantes ostentam o pomposo *Premium* em seus rótulos, mesmo lançando mão de mais adjuntos do que, em tese, deveriam. O objetivo, claro, é posicionar seus produtos como "superiores" e alavancar as vendas.

Nessa barafunda de denominações, a conclusão óbvia é que não há como falar em cervejas *boas* e *ruins*. Há o *meu* gosto e o *seu* gosto, ambos mandatoriamente devendo ser respeitados como soberanos. Não há verdades universais. E quando se fala em cerveja, é justamente essa a graça.

Neste livro, gafanhoto, eu só posso ajudá-lo para que você mesmo — e mais ninguém — seja o imperador da própria razão e dos próprios gostos e faça as próprias escolhas. Não aceite que ninguém determine o que é bom ou ruim para você. Com o auxílio de toda a informação sobre cerveja que você puder ter em mãos — além, é claro, de responsabilidade e moderação —, experimente o máximo de rótulos que conseguir.

A história da cerveja ainda está sendo escrita, e você, leitor, é um dos protagonistas dela.

MITOS E VERDADES

O QUE É E COMO É FEITA A CERVEJA,
DE ACORDO COM OS MITOS POPULARES

Quer saber como se faz uma boa cerveja? Anote a receita:

INGREDIENTES:

- Água
- Maltes de variedades diversas (dependendo do estilo de cerveja que se quer fazer)
- Lúpulos de varietais diversas (dependendo do estilo da cerveja que se quer fazer)
- Fermento cervejeiro (o tipo de levedura depende, adivinhou, do estilo que se quer fazer)

MODO DE PREPARO:

Pegue uma boa quantidade de malte e moa-o no ponto certo para abrir os grãos sem prejudicar a casca, que será usada posteriormente no auxílio da filtração do mosto.

Mergulhe-o em água quente (cerca de 65° C) e vá mexendo a mistura. Após determinado tempo (o qual, para variar, depende do estilo da cerveja que se quer fazer), filtre o líquido resultante (que, a partir de agora, chamaremos de mosto) numa segunda panela.

Ferva o mosto por cerca de uma hora, adicionando os lúpulos de sua escolha. Após o final da fervura, resfrie rapidamente o mosto e verta-o num terceiro recipiente com vedação. Acrescente o fermento e reserve por alguns dias até o líquido (que, a partir de agora, é tecnicamente cerveja) parar de borbulhar. Para gaseificar, coloque-a em outro recipiente vedado, adicione algumas colheres de açúcar e reserve por mais alguns dias.

Filtre e sirva em copos longos. Aprecie com moderação.

Simples, prático e rápido como fazer um bolo, não?

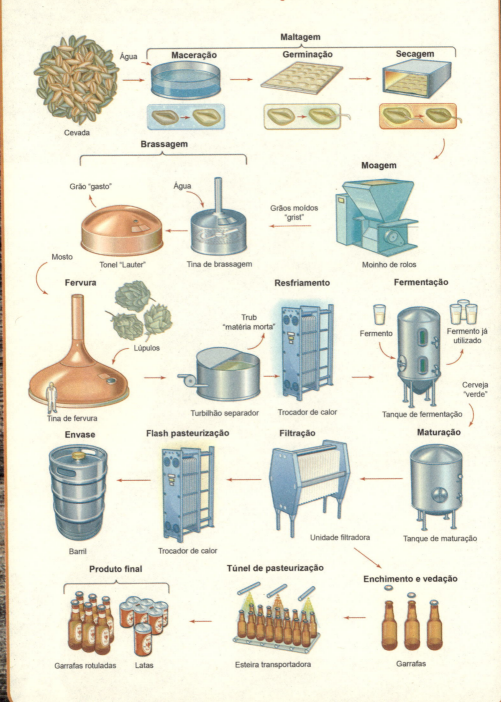

MITOS E VERDADES

Não. Este livro não tem a intenção de lhe ensinar a fazer cerveja. Há outras obras direcionadas a esse fim, bem como um bom número de cursos para cervejeiros caseiros em todo o país, bastando uma rápida pesquisa na internet para encontrá-los. A "receita" que você acabou de ler dá apenas uma ideia bastante genérica, e não contempla uma infinidade de diferentes técnicas e equipamentos hoje usados até mesmo pelo mais iniciante dos *homebrewers*. Isso sem falar dos adjuntos aromáticos (frutas, ervas etc.) que um cervejeiro pode querer acrescentar na breja. Definitivamente, não tente fazer uma cerveja com a receita aí em cima!

De toda forma, dá para entender que a cerveja é um líquido elaborado a partir de grãos fermentados. Com esse dado, é hora de falar um pouco mais sobre a bebida em si. Para tanto, nada mais divertido do que fazê-lo ao mesmo tempo em que vamos destruindo alguns *mitos* cervejeiros.

Prenda a respiração, confronte-se com as informações a seguir com a galhardia dos bravos e mantenha-se preparado para algumas surpresas.

Tinas de brassagem (à esquerda) e fervura (à direita) da cervejaria Colorado, em Ribeirão Preto, SP.

63

O MITO DAS ÁGUAS ENCANTADAS

Há certas lendas populares transmitidas no tempo ao longo de muitas gerações e que, mesmo com variados graus de incorreção, se contadas repetidamente, vão se tornando verdades incontestáveis na cabeça das pessoas. Desde que a humanidade desenvolveu a fala, os mitos são criações humanas utilizadas para explicar algo que não se entende completamente, desde os trovões até a origem do Universo.

No mundo todo, e especialmente no Brasil, nenhum mito cervejeiro é tão difundido e defendido a unhas e dentes por pretensos entendedores de cerveja como o da água cervejeira. Por aqui, acredita-se que há ninfas diáfanas distribuindo encantamentos e presenteando certas cidades com fontes inesgotáveis de águas mais límpidas e puras que a dos Alpes, usadas nas fábricas de cerveja locais, razão pela qual essas cervejas se transformam em objetos de desejo entre os apreciadores.

Com muitas variáveis, ao sabor das lendas locais, há loas sendo cantadas à Brahma e à Skol da cidade de Agudos (SP), à Itaipava e à Bohemia com "água da serra" de Petrópolis (RJ), à Bavaria de Ribeirão Preto (SP), à Skol de Nova Iguaçu (RJ) e muitas outras cervejas pretensamente ótimas porque seriam feitas com as águas mágicas dos lençóis freáticos ou das fontes "puríssimas" dessas cidades.

Não se questiona que a água seja um dos mais importantes ingredientes da cerveja. Muito pelo contrário: ela representa, na maioria das cervejas, de 85% a 95% do total da sua composição. A água não é utilizada apenas *dentro* da cerveja, mas também é imprescindível no processo produtivo cervejeiro. É ela que limpa a cervejaria, ajuda a sanitizar os equipamentos por onde passa a cerveja, resfria o mosto cervejeiro após sair das tinas de fervura, além de uma série de outras aplicações dentro da fábrica. Mesmo uma cervejaria eficiente utiliza, no mínimo, espantosos 5 litros de água para fabricar cada litro de cerveja.

Não há que se duvidar, de outro modo, que há uma infinidade de diferenças de composições físico-químicas da água a ser utilizada na cerveja. Todos os minerais presentes na chamada "água cervejeira" podem ser quantificados: cálcio, magnésio, nitratos, nitritos, cloretos, sulfatos, sódio, potássio, ferro, zinco e muitos outros componentes.

MITOS E VERDADES

De fato, até o final do século XIX, o mito fazia sentido. As cervejarias tinham, forçosamente, de ser construídas sobre ou perto de uma fonte de água ao menos potável. A composição da água cervejeira captada nessas fontes era determinante e impactava a qualidade e até mesmo os estilos a serem produzidos. Como legado desses tempos aos quais a moderna ciência não alcançava, ficaram famosas as águas cervejeiras de Plzeň, na República Tcheca (produtoras da Pilsner Urquell, a primeira Pilsen do mundo, conforme mencionado anteriormente, e até hoje considerada uma das melhores), bem como as de Munique (Alemanha), Dublin (Irlanda), Edimburgo (Escócia), Londres e Burton-on-Trent (Inglaterra), Viena (Áustria) e muitas outras.

Agora a informação de ouro que acaba com o mito: desde o início do século XX, com o advento da química moderna aplicada ao tratamento da água em nível industrial, a relação entre a composição da água local e a qualidade da cerveja de qualquer cervejaria foi eliminada. Nos nossos tempos, a tecnologia de tratamento de águas evoluiu a tal

Tinas de brassagem na Budweiser Budvar, República Tcheca.

ponto que é perfeitamente factível adequar as características físico-químicas de qualquer água aos níveis que o cervejeiro deseja.

Nas grandes cervejarias, a "fórmula" da água cervejeira é, em geral, rigidamente padronizada. Não importando as fontes das quais são captadas, todas as unidades têm de tratar as águas de tal modo que fiquem exatamente com suas composições físico-químicas idênticas entre as fábricas. Águas de diferentes cidades só entram no processo cervejeiro após tratadas e estarem estritamente de acordo com esse padrão preestabelecido pela companhia. Se há alguma diferença entre as cervejas Brahma fabricadas em Agudos, Jaguariúna ou Itapissuma, ela não pode ser creditada à fonte de água utilizada nessas cidades.

Mas então, qual seriam as diferenças sensoriais que os consumidores juram experimentar ao provarem os mesmos rótulos provenientes de diferentes fábricas?

Há um famoso ditado cervejeiro — atribuído aos alemães ou aos ingleses — que diz que a melhor cerveja é aquela que se bebe contemplando a chaminé da fábrica. A mensagem é clara: quanto mais próximo da "fonte" o bebedor estiver, melhor será a breja. Cervejas viajam mal, e se degradam mais facilmente que o leite. São suscetíveis a uma série de defeitos provenientes do transporte (veja mais sobre o assunto no capítulo "Degustação"). Cervejas sofrem com a exposição à luz,

com a estocagem inadequada, com o chacoalhar constante do caminhão de entrega, com o manuseio ogro dos entregadores, com variações bruscas de temperatura e com uma constelação de outros fatores. Podem vir daí essas diferenças de percepção.

Eu sei, às vezes é difícil encarar a realidade nua e crua, ainda mais quando um mito é contado há tanto tempo que se parece com uma verdade incontestável que nasceu conosco. De toda forma, caso você não acredite nas palavras deste autor, faça um exercício ótimo para exterminar preconceitos, além de ser para lá de divertido: um teste cego. Compre várias cervejas de sua escolha, de diversas fábricas diferentes, e peça a um amigo que as sirva em copos sem identificação, de modo que somente ele saiba quais são. Tente identificar quais são os rótulos e de quais fábricas eles vieram. Anote o resultado e surpreenda-se após a ordem das cervejas servidas ser revelada. Seja bacana e troque de posição, fazendo a mesma operação para o seu amigo. Depois me conte.

O MITO DAS CERVEJAS MAIS ESCURAS E, POR ISSO, MAIS ALCOÓLICAS

Já tive um bar especializado em cervejas, o pioneiro Bar Brejas, em Campinas (SP), hoje extinto. Ali eu recebia um cliente mais ou menos assíduo que, toda vez que aparecia, fartava-se alegremente de chope Pilsen. Certo dia, porém, ele veio até mim, dizendo que havia acabado de fechar um grande negócio na empresa que comandava e que, portanto, para comemorar, queria porque queria ficar ébrio. Já tinha até mesmo combinado com um taxista amigo que viera trazê-lo e, mediante um telefonema, voltaria para buscá-lo.

A fim de atingir o duvidoso objetivo, em substituição ao chope Pilsen ao qual estava acostumado, ele ia tomar somente o chope estilo Dunkel, escuro — e, portanto, de acordo com ele, com maior potência alcoólica. Logo informei a ele que todos os chopes engatados na casa — no caso, todos da cervejaria Eisenbahn, de Blumenau (SC) — tinham exatamente o mesmo teor alcoólico, 4,8% ABV (*alcohol by volume*, na sigla em inglês, ou álcool por volume), não importando o estilo nem a cor. O sujeito lançou-me um olhar de incredulidade: "De jeito nenhum, cerveja mais escura é sempre mais forte do que cerveja clara!".

Decidi não o contrariar, e ele, mesmo tomando praticamente a mesma quantidade em chope Dunkel do que tomaria se fosse Pilsen, acabou saindo do bar quase carregado pelo taxista, abatido não pelo álcool, mas pela sugestão do seu excesso. Como aquele adolescente que fuma cocô de vaca e se considera "doidão" achando ter fumado a "erva danada".

A partir dessa história que, com certeza, se reproduz com poucas variáveis em boa parte dos bares mundo afora, fica a dúvida: quanto mais escura a cerveja, mais alcoólica ela é? Esse é o gancho para falar de outro ingrediente-chave da cerveja: o malte.

Insumo mais utilizado na cerveja depois da água — na proporção de cerca de 150 gramas para cada litro de cerveja —, o malte consiste, basicamente, no grão de cereal germinado. Antes de chegar à cervejaria, o grão colhido no campo é submetido a um processo chamado *maltagem* — motivo pelo qual não há que se falar em "plantação de malte" —, no qual é encharcado de água até que a germinação comece a acontecer. Nesse ponto, o cereal desenvolve em seu interior as enzimas necessárias para transformar seus amidos em açúcares, incluindo monossacarídeos tais como glucose ou frutose, e dissacarídeos, tais como sacarose ou maltose. Também desenvolve outras enzimas, como as proteases, que quebram as proteínas do grão.

O que quer dizer isso tudo? Trocando em miúdos, a maltagem fará com que esses açúcares provenientes do malte se transformem, na fermentação da cerveja, em álcool e gás carbônico.

Após germinados e secos, os grãos de cereal — agora sim, já chamados de malte — vão para fornos, onde são torrados. É a partir das variações de temperatura e intensidade de secagem e torrefação do malte que se produzem cervejas de colorações diferentes: maltes menos torrados produzem brejas de coloração mais clara, próximas à cor do próprio grão colhido no campo, como as Pilsen. Já os maltes mais torrados dão origem a cervejas mais escuras, como as

MITOS E VERDADES

dos estilos Dunkel, Porter e Stout, com percepções de café e chocolate advindas da tostagem.

Assim, não há qualquer relação entre a coloração da cerveja e sua potência alcoólica. Basta exemplificar que uma cerveja muito escura como a Guinness, do estilo Dry Stout, possui modestos 4,1% de álcool — menos que a maioria das Pilsen —, enquanto a breja belga DeuS Brut des Flandres, de coloração muito clara, quase cor de palha, ostenta potentes 11,5% ABV. Há, sim, relação com a *quantidade* de malte inserida numa cerveja: em geral, quanto mais malte há numa cerveja, mais alcoólica ela é.

Na cerveja, o principal cereal é a cevada, embora trigo e centeio também possam ser utilizados. Para fazer cervejas mais elaboradas, é comum o cervejeiro, incorporando um cozinheiro, acrescentar vários tipos de maltes mais e menos tostados, de acordo com o estilo da cerveja e o seu toque pessoal. Graças à seleção de maltes, o cervejeiro pode conferir à bebida pronta percepções adocicadas de biscoito, de cereal, passando pelo caramelado e chegando até os toques defumados (no caso das cervejas do estilo Rauchbier) e torrados, lembrando café e chocolate.

Há centenas de tipos de malte, desde os mais pálidos, passando pelos amarelados, dourados e âmbar, indo até os avermelhados, marrons e totalmente pretos. A escala mais utilizada para quantificar a coloração dos grãos e também da cerveja pronta é chamada de SRM (*Standard Reference Method*), que vai de 1 (pálido) a 20 (preto). Outro sistema semelhante, também muito utilizado, é o EBC (*European Brewing Convention*), correspondente a cerca de duas vezes os valores de SRM. Para auxiliar o cervejeiro, há fórmulas matemáticas específicas para utilizar os tipos de maltes numa cerveja, a fim de atingir um grau determinado em ambas as escalas.

Assim como as cervejarias, as maltarias também são lugares bem interessantes de se conhecer. Embora algumas cervejarias ainda possuam maltarias dentro de suas próprias fábricas — também chamadas de "casas de malte" —, o mais comum é que elas adquiram os maltes de empresas malteadoras externas, as quais são especializadas em produzir malte. O grupo francês Malteurop é o maior do mundo no segmento, produzindo mais de 2,2 milhões de toneladas de malte por ano, com 24 fábricas em treze países na Europa, América do Norte, Oceania e Ásia. Em terras brasileiras, a maltaria Agromalte, da Cooperativa Agrária Agroindustrial, sediada na cidade paranaense de Guarapuava, é a maior do país e a vigésima do mundo, produzindo anualmente 220 mil toneladas do insumo. A Agromalte ainda é representante comercial da maltaria Weyermann, uma das mais tradicionais da Alemanha.

No Brasil, a legislação pertinente aos tipos de cerveja é simplista e obtusa, uma vez que ignora os estilos elencados nos grandes guias internacionais. Por aqui, de acordo com o Decreto no 6.871/09, há somente três tipos de brejas, a saber: cerveja "clara" (a que tiver cor correspondente a menos de 20 EBC), cerveja "escura" (20 EBC ou mais) ou cerveja "colorida" (a que apresenta coloração diferente das definidas no padrão EBC). É importante saber, porém, que conceitos vagos como "clara" ou "escura" não exprimem a qualidade de uma cerveja. Ao contrário, servem para, em alguns casos, desestimular o novo degustador declaradamente inimigo de brejas menos ou mais alcoólicas ou de colorações diferentes daquela a que está habituado.

Não ter preconceito de cor em relação à cerveja é como na vida real em relação às pessoas.

Há centenas de tipos de maltes. Dos mais claros aos mais escuros, que conferem cor às cervejas de diferentes estilos.

O MITO DO AMARGOR INDESEJÁVEL

Jamais me esquecerei de uma propaganda na TV de certa cerveja nacional *mainstream*. Enquanto pessoas jovens, perfeitas, felizes e de bem com a vida zanzavam num bar cenográfico com o copo da referida breja à mão, a voz do narrador dizia que aquela era uma cerveja "leve, refrescante e *menos amarga*". Sim, isso mesmo, a cervejaria apregoava o menor amargor como se fosse um atributo inquestionavelmente *positivo* da cerveja.

A prática possui explicações objetivas — e reveladoras. Como mencionamos no exemplo da Heineken, a maioria dos brasileiros desaprova o sabor das cervejas amargas. Mostre uma cerveja diferente a um degustador de cervejas *mainstream* e ele, se não gostar, dirá de bate-pronto que se trata de uma cerveja "amarga", mesmo que não seja. Já vi essa reação acontecer até mesmo com cervejas reconhecidamente muito doces, com pouquíssimo amargor.

O amargor da cerveja, atribuído ao lúpulo, esse desconhecido dos brasileiros, provém de uma planta canabinácea da mesma família da maconha (porém sem o princípio ativo estupefaciente da "erva"). O *Humulus lupulus* é usado na cerveja desde o século XII como aromatizante e conservante natural (veja mais sobre isso no capítulo "História"). Dentre os benefícios do lúpulo às brejas, está o de conferir maior estabilidade à espuma (já reparou que a espuma é um tantinho mais amarga do que o líquido?).

Não é apenas no percentual de álcool (ABV) que se mede a "força" de uma cerveja. Há diversas outras unidades técnicas quantitativas que traçam um raio-x da breja, entre elas o índice de amargor. Em inglês, esse parâmetro é chamado de IBU (*International Bitterness Unit*, ou unidade internacional de amargor). Quanto maior a IBU, mais amarga é a breja, numa escala que vai de zero a 120. A IBU de uma cerveja é determinada por um cálculo específico feito no momento da sua fabricação, e as cervejarias quase nunca informam esse índice nos rótulos. Alguns estilos são hiperlupulados, como as Imperial India Pale Ale, com IBUs que vão de 60 a incríveis 120. Outras brejas possuem muito pouco amargor, como as Lambic, cujo IBU é de, no máximo, 10.

Há dezenas de varietais de lúpulo sendo cultivadas e, *grosso modo*, há duas "famílias" de lúpulos: os de amargor e os de aroma. Na fabricação da cerveja, em geral, os primeiros (como os lúpulos Cluster, Galena, Wye Target etc.) são postos nos estágios iniciais da fervura do mosto a fim de isomerizarem (ou diluírem) compostos chamados de *alfa-ácidos*, responsáveis pelo amargor da breja.

Já os lúpulos aromáticos (a exemplo das varietais Saaz, Cascade, Amarillo, Fuggle etc.), com menos alfa-ácidos, são acrescentados ao final da fervura — evitando a evaporação rápida das fragrâncias —, apenas para conferir aromas específicos (como ervas, flores, cítricos, resina, pinho, frutas etc.). A exemplo dos maltes, compete ao cervejeiro selecionar as varietais de lúpulo que vão inserir na receita da sua cerveja.

Acontece que, no Brasil, apenas recentemente se começou a fazer experiências de plantio de lúpulo, de forma que ainda estamos engatinhando no assunto, em comparação a outros países com tradições seculares nesta seara. De modo geral, para germinar bem, a planta precisa de climas específicos só encontrados em primaveras e verões entre os paralelos 30° e 52° de latitude, ou seja, em regiões de clima temperado a frio. As grandes regiões mundiais produtoras de lúpulo

Plantação de lúpulo.

encontram-se hoje em Hallertau, na Alemanha (onde, aliás, a planta foi cultivada pela primeira vez no século VIII), Žatec, na República Tcheca (produtora da varietal Saaz, usada nas cervejas Pilsner Urquell), além de Poperinge (Bélgica), Alsácia (fronteira da França com a Alemanha), Kent e Worcestershire (Inglaterra), Oregon e Washington (Estados Unidos). Há também outras zonas produtivas importantes na Polônia, Rússia, Nova Zelândia, China e Austrália.

Como no Brasil só se pode obter a maioria dos lúpulos com aplicações na indústria da cerveja por meio de importação, este é um ingrediente caro. A esmagadora maioria das grandes cervejarias nacionais, interessadas em diminuir seus custos, prefere doutrinar gerações de consumidores de cerveja a repelirem o amargor da bebida, em vez de comprar lúpulos nobres e conferir às brejas os amargores e aromas que elas deveriam ter (uma cerveja "comum" brasileira, do estilo Standard American Lager, aquela do boteco, tem de 8 a 15 IBU, enquanto uma verdadeira Pilsen, como a tcheca Czechvar, tem de 35 a 45). E o fazem por intermédio de campanhas publicitárias que dão a entender que o amargor da cerveja é um componente indesejável, como a que mencionei no início deste capítulo. Assim, gerações e gerações de degustadores de

Flores de lúpulo *in natura* (à esquerda) e em paletes (à direita), reduzindo os custos de transporte e armazenamento.

cerveja brasileiros continuam a preferir as cervejas "docinhas", com pouquíssimo amargor e quase nenhum aroma.

Todavia, é preciso resgatar nessas terras o amor que bebedores de cerveja de outros países com mais tradições cervejeiras nutrem para com o lúpulo. E isso já está sendo feito por meio das cervejas "especiais", sejam as importadas ou as brasileiras artesanais, muitas delas tendo o insumo como estrela principal. Nove entre dez novos degustadores de cerveja que antes odiavam brejas lupuladas, com o tempo caem de amores por elas. Por aqui, entre os cervejeiros artesanais, vem acontecendo uma onda de experimentação que produz rótulos com lupulagens surpreendentes e deliciosas. Não as experimentar, com a cabeça e os sentidos abertos, chega a ser um crime.

Para finalizar, fique aqui com uma adorável história que sempre gosto de contar para ilustrar o horror do consumidor brasileiro a cervejas amargas. No extinto e saudoso Bar Brejas, desenvolvemos uma Carta de Cervejas com cerca de duzentos rótulos, separada por países. A fim de simplificar aos degustadores inexperientes, resolvemos inserir duas páginas iniciais de "sugestões". Nelas, eram selecionadas cinco cervejas "suaves", outras cinco "doces", mais cinco "de trigo" e por aí vai. Havia também cinco rótulos com o título de "amargas". Antes campeãs de vendas, essas cervejas "amargas", do dia para noite, tiveram as vendas sensivelmente diminuídas. Mandei recolher todos os exemplares da Carta de Cervejas e remeti-os de volta à gráfica, solicitando uma única alteração: que fosse substituído o termo "amargas" pela palavra "lupuladas". Pronto! Como que por mágica, a simples troca de um termo fez com que as mesmas cervejas — dessa vez "lupuladas", e não mais "amargas" — voltassem a figurar quase que instantaneamente entre as mais vendidas do bar.

A ignorância dos bebedores brasileiros, fomentada por décadas de propaganda imprecisa, fez com que, por aqui, as cervejas "amargas" fossem odiadas e as "lupuladas", adoradas.

Mesmo que seja, rigorosamente, a *mesma* coisa — e *as mesmas* cervejas...

O MITO DA "PILSEN LAGER"

Quando o papo na mesa é sobre cerveja, a fermentação é, provavelmente, o assunto que mais confunde o entusiasta. Geralmente faz-se uma verdadeira salada entre tipos de leveduras e métodos de fabricação. A pergunta que mais ouço é se determinada cerveja "é uma Pilsen ou uma Lager". A segunda, se uma breja "é de alta ou baixa fermentação".

Já discorri sobre a fermentação no capítulo "História", e voltarei ao assunto em "Estilos". Ela acontece na preparação do pão, do bolo, do vinho, do iogurte e, sem ela, não existiria cerveja. No que concerne à bebida, a fermentação consiste no processo de transformação do mosto cervejeiro em cerveja propriamente dita, a partir de micro-organismos unicelulares chamados *Saccharomyces*, que significa, em latim, algo como "fungo de açúcar". Não por acaso, são eles que vão "comer" os açúcares do mosto e transformá-los em álcool e gás carbônico.

Há centenas de espécies de leveduras (o outro nome para fermento), mas, do ponto de vista cervejeiro, apenas algumas delas fazem a nossa festa. Segundo as variações de leveduras, existem três famílias cervejeiras, a partir das quais se subdividem os estilos das cervejas. São elas:

ALE

Pronuncia-se "êiou". É a grande família dos estilos de cerveja chamada de "alta fermentação", a partir de uma tradução literal — e algo imprecisa — do termo em inglês *top fermenting*. É assim chamada porque, nas antigas cervejarias, as leveduras ficavam atuando na superfície dos tanques abertos de fermentação (nos dias de hoje, com a maioria das cervejarias utilizando tanques fechados, as leveduras atuam em todos os seus níveis, e não apenas no topo).

A variedade de levedura Ale — chamada cientificamente de *Saccharomyces cerevisiae* — só se alimenta bem dos açúcares do mosto em temperaturas mais altas, em torno de 15° C a 25° C. Por causa dessa particularidade, as cervejas da família Ale são, em geral, mais aromáticas que as Lager. Você verá em "Estilos" que a família Ale é a maior no panteão cervejeiro, abrigando desde estilos refrescantes como as brejas de trigo (Weissbier), passando pelas lupuladas como as Pale Ale e India Pale Ale, as encorpadas e escuras Brown Ale, Porter e Stout, as alcoólicas Barley Wine, e indo até as robustas e complexas Belgian Dark Strong Ale.

LAGER

Família mais "novata" das cervejas, foi apenas a partir do século XVII que as cervejas Lager (pronuncia-se "láguer") começaram a se disseminar pela Europa. Fruto de uma mutação da levedura Ale *Saccharomyces cerevisiae*, as leveduras Lager só "comem" vorazmente os açúcares do mosto cervejeiro se submetidas a temperaturas mais baixas — de 9° C a 15° C. Como nas antigas cervejarias as leveduras Lager atuavam no fundo do tanque de fermentação aberta (nos atuais tanques fechados elas atuam em todo o meio fermentável), elas passaram, em contraposição às Ale, a ser chamadas de *bottom fermenting*, ou "fermentação de fundo", em português — termo mal traduzido para "baixa fermentação".

É na família Lager que se encontra o estilo Pilsen, de forma que *toda* Pilsen é, sim, uma Lager (e não necessariamente o contrário). A maioria dos estilos de cervejas Lager tendem a ser menos aromáticas e mais leves em comparação com as Ale. De qualquer forma, há brejas clássicas e deliciosas, como a Bock, Schwarzbier, Viena e Rauchbier.

LAMBIC

A maioria dos especialistas classifica as cervejas da família Lambic como uma terceira categoria, em separado das Lager e Ale. Ao contrário dessas duas famílias, nas quais as cervejas são fermentadas por linhagens cuidadosamente cultivadas de leveduras, as Lambic são produzidas por fermentação espontânea; o mosto cervejeiro fica exposto ao ar livre em tanques ou barris abertos por até três anos, sujeito à ação das leveduras selvagens e bactérias presentes na atmosfera do

Vale do Sena, onde está Bruxelas e a região de Pajottenland, na Bélgica — motivo pelo qual as Lambic são raras e caras.

Em geral elaboradas com cerca de 30% de trigo não maltado adicionado ao malte de cevada, as Lambic são fabricadas apenas entre outubro e maio — meses mais frios na Bélgica —, já que no verão europeu há vários outros organismos na atmosfera desfavoráveis à fermentação que se deseja. Até 86 micro-organismos são identificáveis em um rótulo clássico de cerveja Lambic, os mais significativos sendo o *Brettanomyces bruxellensis* e *Brettanomyces lambicus*.

Essa técnica de fermentação reflete tempos imemoriais da fabricação da cerveja, muito anteriores às descobertas microbiológicas de Louis Pasteur. Por sinal, as primeiras cervejas da humanidade, tecnicamente, eram elaboradas dessa forma. É esse processo que faz com que as Lambic ostentem sabores, embora complexos, muitas vezes azedos e avinagrados, espantando o degustador novato.

Antiga fábrica da cervejaria Lindemans (Vlezenbeek, Bélgica).
Especializada em cervejas lambic.

Desde que comecei a estudar cerveja a sério, jamais encontrei entre os degustadores um consenso minimamente pacífico em relação às Lambic. Em geral, o estilo parece seguir o conselho bíblico da Carta de Laodiceia: *seja quente ou seja frio, não seja morno que eu te vomito*. Trocando em miúdos, ame-a ou odeie-a. Minha primeira experiência com as Lambic se deu com a cerveja belga Chapeau Banana, da cervejaria De Troch. Trata-se do subestilo que se convencionou denominar de Fruit Lambic, com aroma marcante — de banana, ora pois! —, bem docinha e uma ótima drincabilidade apesar de um leve toque amargo e azedo, bem como um final ligeiramente salgado. De cara, adorei o estilo por achar marcante pelo que se propunha, mesmo com a estranha ausência de espuma — uma característica quase comum e aceitável às Lambic. Depois da Chapeau Banana, vieram outras Fruit Lambic, Gueuze e Faro (outros subestilos de Lambic), a maioria delas razoavelmente bem colocadas nas minhas avaliações.

A brincadeira estava interessante até que, certo dia, decidi investir em algumas Lambic "de verdade", da centenária Brasserie Cantillon, paradigmas universais dessa família de fermentação. O leitor precisava ver a minha cara ao prová-las. O docinho e a drincabilidade das Fruit Lambic degustadas alhures foram substituídos por doses nocauteantes (*nauseantes*, para dizer a verdade) de cítrico, azedo, salgado, ácido e seco. O aroma até que era interessante (notas de uva, maçã, acerola e madeira), mas cadê a cereja que deveria estar ali?

O tempo passou e, nos idos de 2007, estive por alguns dias na Bélgica e me impingi um desafio: ia ficar pelo menos um dia inteiro tomando exclusivamente Lambic. Nesse dia outonal, determinado, perambulei pelos bares de Bruges a experimentar o que me parecesse imperdível em matéria de fermentação espontânea. Provei das incensadas Hanssens Oude Kriek e Drie Fonteinen Oude Geuze a brejas mais, digamos, turísticas, como a Mongozo Coconut e sua pretensão de ser uma

Kriek Boon: fermentação espontânea, cerejas e doses avinagradas.

cerveja "exótica", cujo copo é um meio coco. Sei que há especialistas que dizem gostar das Lambic, mesmo as mais azedas e avinagradas. Se o fazem apenas para não parecerem *out* no meio cervejeiro, jogando a breja na pia quando ninguém está olhando, jamais saberemos. Quanto a mim, tenho a humildade de reconhecer que, em linhas gerais, as Lambic ainda estão me convencendo.

Mas, talvez, resida exatamente nesse "extremismo" o verdadeiro charme escondido na salobra aridez das Lambic. É preferível o erro à omissão. O fracasso, ao tédio. O escândalo, ao vazio... Quem sabe não é justamente essa a resolução da charada e eu — ainda — não percebi?

O MITO DA DIFERENÇA ENTRE CERVEJAS EM LATA VERSUS CERVEJAS EM GARRAFA

É, seguramente, uma das questões mais levantadas nas mesas bares afora, provocando celeumas irrefreáveis, discussões acaloradas e, em casos extremos, alguns pescoções e amizades rompidas. Para dirimir esse milenar dilema da humanidade sobre as alegadas diferenças de sabor entre as cervejas em lata e em garrafa, vamos à opinião técnica e científica de um profissional que há muito tempo trabalha nessa área.

Meu grande amigo Paulo Schiaveto, uma pessoa de afabilidade e inteligência raras, é mestre-cervejeiro e engenheiro de produção formado, respectivamente, em Louvain-la-Neuve (Bélgica) e na USP. Trabalhou durante mais de dez anos na área de qualidade e estabilidade de sabor de grandes cervejarias. Atualmente, presta consultoria para várias cervejarias no Brasil e no exterior, e é um dos mais respeitados nomes quando o assunto é cerveja.

Em relação às macrocervejarias, Schiaveto ensina que o tempo de maturação para as cervejas em lata, garrafa ou barril é sempre o mesmo. A cerveja engarrafada tem um pouco mais de gás carbônico (de 5% a 10%) do que a de lata ou barril. Uma vez que o material vedante das tampinhas é relativamente mais permeável aos gases, a diferença garante que a breja na garrafa mantenha a carbonatação ao longo do prazo de validade. Isso faz com que a cerveja na latinha, assim como o chope, pareça ao degustador levemente mais "suave" ao paladar.

Na maioria dos casos, tanto as cervejas em lata quanto em garrafa recebem antioxidantes. Os mais usados são o metabisulfito de sódio ou potássio e o isoascorbato. O mestre diz, contudo, que tais compostos praticamente não alteram o sabor e o aroma das brejas.

A pasteurização das cervejas em lata e em garrafa altera levemente o sabor dos líquidos. Schiaveto lembra, entretanto, que nos últimos anos o processo de pasteurização vem se modernizando muito, de modo que tais diferenças vêm diminuindo com o advento de novas técnicas de microfiltração e envasamento asséptico. Alguns processos industriais, inclusive, tornam desnecessária a pasteurização.

À exceção das latas de 5 litros — mais comumente conhecidas como KEG — as quais utilizam ligas de ferro em sua composição e podem deixar a cerveja com sabor metálico ou oxidado, o mestre-cervejeiro diz que a grande maioria das latinhas é feita com material bastante inerte (assim como o vidro das garrafas), com a vantagem de proteger a breja da ação prejudicial da luz. Em qualquer dos casos, a composição química tanto das latas quanto das garrafas não altera o sabor da cerveja.

Entendido? Próxima!

Linha de produção da cervejaria Tyris, Valência, Espanha.

MITOS E VERDADES

O MITO DO CHOPE PASTEURIZADO

O leitor sabe realmente a diferença entre *chope* e *cerveja*? Muita gente vai encher o peito e dizer que sim, sabe: cerveja é pasteurizada, enquanto o chope, não.

Cá entre nós, não fique chateado comigo, mas isso é *mito*. Quer comprovar na própria pele? Tente então chegar a qualquer lugar no mundo, bater no balcão e pedir ao barman um chope, por favor. Nem mesmo na Alemanha, pretensamente a terra natal do chope, e por melhor que seja o seu alemão, ninguém vai entender o que você está pedindo.

A palavra *chope* ou *chopp* deriva da palavra alemã *schoppen*, a qual, por sua vez, teve origem no termo francês *chopine* ou *chopaine*. Não mais utilizado desde o século XIX, o termo significava, em alemão arcaico, não a cerveja não pasteurizada, mas uma *unidade de volume* — algo como meio litro.

O emprego incorreto da palavra germânica provavelmente começou a ser difundido a partir dos primeiros cervejeiros alemães que vieram, no final do século XVIII, ajudar a implantar as primeiras cervejarias no Brasil. É quase certo que os operários brasileiros, analfabetos na língua de Goethe, interpretaram como sendo cerveja aquilo que os técnicos alemães lhes pediam quando estendiam suas canecas dizendo "*ein schoppen!*". Pronto, ficou entendido que a cerveja que saísse diretamente do barril era *schoppen* ou, como adoramos simplificar, *chope*.

A palavra existe apenas na América Latina, e continua sendo empregada incorretamente. Em terras patropis ainda subsiste a ideia de que toda cerveja extraída de um barril através de uma torneira tem de ser chamada de chope. Ignora-se, todavia, o fato de que quase toda cerveja brasileira, nos dias de hoje, já sai da fábrica pasteurizada, não importando o envasamento — seja em garrafa, lata ou mesmo o barril do que se convencionou chamar de chope.

As grandes indústrias cervejeiras utilizam métodos chamados de *flash-pasteurização*, ou *pasteurização de túnel*, nos quais a cerveja passa por placas térmicas destinadas a eliminar bactérias e a conferir à bebida maior estabilidade microbiológica. Detalhe importante: tais procedimentos são adotados *antes* do envase da cerveja.

Na outra ponta estão aquelas cervejas, sejam importadas ou artesanais brasileiras, que não são pasteurizadas, uma vez que os cervejeiros decidiram preservar-lhes a plenitude dos aromas e sabores (os quais são parcialmente perdidos quando se pasteuriza uma cerveja). Ou mesmo as cervejas feitas com fermentos ainda ativos dentro das garrafas, para serem guardadas ao longo dos anos. Como são envasadas em garrafas de vidro, fica ainda mais bizarro, sob o ponto de vista brasileiro, chamar essas cervejas não pasteurizadas engarrafadas de *chope*.

Assim, associar a palavra chope à pasteurização da cerveja é um equívoco que nem mesmo o tempo, a história, os fatos ou a variedade de cervejas à disposição trataram de corrigir. No resto do mundo, tem-se a correta noção de que cervejas cujo envasamento é um barril continuam a ser cervejas. Muda-se o idioma apenas para designar sua extração: *Beer on tap*, nos países de língua inglesa, *birra alla spina*, na Itália, *bière pression*, na França, *pinta*, em espanhol, *fino* ou *imperial* dependendo da região de Portugal, e por aí vão as brejas extraídas por intermédio de uma torneira, pasteurizadas ou não. Ah, e na Alemanha, peça por uma *Bier vom Fass* ou *Fassbier*.

Cervejas extraídas na pressão em um pub inglês.

MITOS E VERDADES

Aqui no Brasil, e só aqui, se convencionou chamar uma cerveja servida *na torneira* de chope. É o nosso modo, todo particular, de designar a cerveja embarrilada. Use o termo sem medo quando couber, mas não relacione mais o chopinho das tardes de sexta-feira à pasteurização, certo?

O MITO DA CERVEJA "CURTIDA"

Cervejas podem ser guardadas por muito tempo? Resposta: sim e não!
    Certa vez, um amigo quis me surpreender numa visita que fiz a ele, me servindo uma cerveja do estilo Pilsen que, segundo ele, estava guardada havia mais de dez meses. Na inocência desse meu amigo, cerveja, para ficar boa, precisava ser, observe as aspas, "curtida".

Eu que não ia fazer desfeita na casa de um amigo, mas, nesse caso, a ideia estava totalmente equivocada: as cervejas mais delicadas, como as Pilsen e as de trigo, são feitas para serem consumidas assim que fabricadas, jovens. Dessa forma, aproveita-se melhor o frescor, os aromas e os sabores que esses estilos podem nos ofertar, e que vão se degradando conforme a cerveja vai envelhecendo. Não apenas Pilsen e trigo, mas a imensa maioria dos estilos de cerveja foi projetada para ser tomada assim mesmo, fresca.

Todavia, há, de fato, uma pequena parcela de estilos que, ao contrário, envelhecem bem — e muito bem! — dentro das garrafas ao longo do tempo. São as chamadas "cervejas de guarda", caso dos estilos Barley Wine, Old Ale e alguns outros. Essas cervejas, geralmente mais alcoólicas, robustas e muito mais estruturadas, reagem bem com o oxigênio da garrafa e ganham em complexidade à medida que o tempo vai passando. Basta guardá-las em pé (nunca deitadas!) em local fresco, com temperatura constante (uma adega, por exemplo) e ao abrigo da luz. Várias dessas cervejas ostentam o ano de safra (como a belga Gouden Carolus Cuvée van de Keizer, por exemplo) e outras, segundo o fabricante, ficam

Gouden Carolus van de Keizer: uma das poucas cervejas que melhoram com o tempo de guarda.

83

melhores se forem consumidas após 25 anos de guarda, caso da inglesa Thomas Hardy's Ale.

Em sua próxima compra, atente para o prazo de validade da breja. Na imensa maioria dos casos, quanto mais elástico esse prazo, melhor vai estar a sua cerveja.

O MITO DA CERVEJA REQUENTADA

Uma breja fica com gosto ruim se esquentar e for gelada novamente? Se a prática for repetida por vários dias — caso daqueles donos de bar que, para economizar uns trocados na conta de energia elétrica, desligam as geladeiras após cada movimento — é possível que sim. Se isso acontecer uma vez com você, vá em frente e gele novamente a sua cerveja, pois as possíveis alterações serão quase imperceptíveis, a ponto de não comprometer o seu prazer em beber.

Todavia, caso a cerveja chegue a ponto de congelar, esqueça-a. Um dos fatores que podem "estragar" a cerveja é a variação extrema de temperatura. Ela estará, no dito popular, "choca", ou seja, sem gás carbônico.

O MITO DOS PREÇOS IMPEDITIVOS DAS CERVEJAS "ESPECIAIS"

A cada ano batem-se recordes em vendas de automóveis novos no Brasil. Isso tem uma explicação óbvia: com o aumento da renda média dos brasileiros, tem cada vez mais gente fugindo do transporte público, em geral muito ruim. Dá para entender. O sujeito sofreu a vida inteira dentro de um ônibus lotado, e agora que sua renda aumentou, quer mais é o *upgrade* de ir para o trabalho e para escola de carro próprio, de preferência com ar-condicionado.

MITOS E VERDADES

Assim como no caso dos automóveis, com a cerveja vem ocorrendo o mesmo fenômeno, mesmo que em ritmo menor. Tem cada vez mais gente querendo experimentar cervejas com novos sabores e aromas além daquela "tipo Pilsen" de todo dia.

As cervejas chamadas de "especiais" são mais caras? São sim, algumas até caras demais. Como tudo na vida, melhor qualidade implica, quase sempre, mais dinheiro. No caso das cervejas ditas "especiais", isso acontece por uma série de fatores, incluindo-se aí os melhores ingredientes, carga tributária alta e, no caso das brejas importadas, os impostos e demais despesas de importação. Beber uma cerveja de melhor qualidade é, na maioria dos casos, um luxo. Mas vamos combinar: um *pequeno* luxo! Quer ver?

Imagine que você está comprando uma cerveja reconhecidamente excelente pela bagatela de 40 reais. Para muita gente acostumada com as cervejas "baratinhas", pode parecer muito. Mas vamos fazer um exercício: compare o mundo da cerveja com o mundo dos vinhos e pergunte: qual vinho realmente excelente você consegue comprar com 40 reais? E, cá entre nós, se o apreciador de vinhos busca sempre a melhor relação custo-benefício, por que diabos o degustador de cervejas não pode fazer o mesmo? Buscar somente as cervejas "baratinhas" pode lhe custar caro em termos de experiências que você vai deixar de ter. Afinal, segundo a inspirada frase do escritor americano David Rains Wallace, "a vida é muito curta para beber cerveja barata".

Pense nisso! Avaliar se o preço daquela cerveja que você quer comprar é um preço justo passa pela cultura cervejeira que você tem. E, com o crescimento dessa cultura, as cervejarias ou importadoras que, por acaso, estão cobrando valores altos demais por uma cerveja que nem é assim tão excelente, tendem, com o tempo, a adequar melhor seus preços. É a lei do mercado.

Por tudo isso, caso você esteja agora descobrindo as cervejas diferentes, não se assuste tanto com o preço. Claro que, no começo da sua vida de degustador, não é preciso comprar uma

A artesanal Falke Ouro Preto é uma cerveja especial com valor acessível.

85

cerveja de 500 reais. Mas é só você olhar para o setor de cervejas especiais de qualquer supermercado para entender que, com um dinheirinho a mais, dá para fazer uma festa!

O MITO DA CERVEJA MASCULINA

Uma vez, numa palestra, eu disse que as cervejas mais doces e com frutas na receita eram ideais para serem apresentadas para as mulheres que dizem que não gostam de cerveja. Fui mal interpretado. Algumas espectadoras disseram que eu estava sendo machista por achar que mulher só tinha que gostar de cerveja docinha e com frutinhas.

Claro que não é nada disso. Ao longo dos anos, a cerveja foi sendo "masculinizada", vendida como bebida destinada para homens se embebedarem. Nada mais triste. Com a revolução que está acontecendo, com novas brejas especiais chegando a cada dia, esse paradigma está mudando rápido.

Mesmo assim, eu recebia todo dia no meu bar mulheres que diziam que não gostavam de cerveja. Na esmagadora maioria dos casos, elas diziam que cerveja, para elas, era "muito amarga". Eu argumentava que, na verdade, elas não gostavam mesmo era *daquela* cerveja que um dia tinha sido apresentada a elas, aquela do boteco. E mandava descer uma cerveja com frutas ou com maltes torrados que lembravam chocolate.

Dez entre dez mulheres submetidas à experiência que eu propunha mudavam de ideia em relação à cerveja. Eu apenas facilitava essa mudança de paradigma na cabeça delas. Se eu apresentasse uma cerveja excessivamente amarga, certamente a maioria delas continuaria não gostando de cerveja. Por experiência, eu sei que o gosto pelo amargor vem com o tempo, seja para homens ou para mulheres.

Não existem cervejas específicas para cada sexo, claro! A maioria dos cervejeiros homens que conheço — eu incluso — adora cervejas doces e de frutas. O que existe, ainda, é o preconceito. Cerveja é, sim, coisa de mulher! Viva a diferença!

O MITO DA PANÇA DE CERVEJA

Será que cerveja engorda e aumenta a circunferência da cintura de quem a bebe? Cerveja não engorda. Assim como pizza, lasanha ou bolo de chocolate. *Nada* engorda, se consumido com *moderação*. Essa é a palavra-chave. Com moderação, um diabético pode comer um doce, assim como um bebedor de cerveja poderá manter sua silhueta impecável. O que faz engordar? O exagero, a falta de moderação.

É famoso um comercial de uma tal "cerveja que não estufa", seja lá o que isso signifique exatamente. A mensagem é clara: instiga o bebedor a entornar o caneco à vontade, já que, por mais que beba, a cerveja não o fará "estufar". Mas a peça publicitária, claro, não tocou na informação óbvia: o que "estufa" é, na verdade, o que é consumido em demasia — afinal, como se diz, tudo o que é demais enjoa, incluindo nessa conta a cerveja. *Qualquer* cerveja.

Quase todos os estudos já publicados sobre o tema cerveja *versus* obesidade peca num ponto fulcral: analisa apenas *um* tipo de cerveja, para variar, o estilo Standard Lager da ampola. De fato, como o estilo mais largamente consumido no mundo, ele não poderia ficar de fora, mas que não fosse o *único* tipo de cerveja estudado. Essa desinformação em termos de variedade de estilos por parte dos pesquisadores aponta para conclusões apressadas do tipo "beba dois copos de cerveja por dia". Ora, *qual* cerveja, cara-pálida? Se formos contar as calorias, uma Belgian Tripel as tem muito mais do que uma Pilsen. Óbvio constatar, nesse passo, que quanto mais álcool possui uma cerveja, mais calórica ela é. E os estudos não passam os olhos pela variação alcoólica entre todos os 120 estilos catalogados, que pode ir de zero a mais de 14% ABV.

A cerveja não contém gordura e o valor calórico para cada 100 ml — de cerveja Pilsen, bem entendido — é de aproximadamente 45 kcal. Verifique e você comprovará que esse valor é menor do que em um copo de leite ou em um suco de laranja, e bem inferior ao de quase todas as outras bebidas alcoólicas — incluindo o vinho, cujos consumidores não são associados ao barrigão protuberante.

E por falar nela, na pança, veja isto: estudiosos alemães do Instituto de Nutrição Humana Potsdam--Rehbrücke e da Universidade de Ciências Aplicadas de Fulda, em parceria com a Universidade de Gotemburgo, na Suécia, investigaram cerca de 20 mil pessoas por oito anos e verificaram seus hábitos etílicos — e, obviamente, a medida de suas barrigas. O resultado mostrou que os bebedores habituais de duas latinhas por dia ganham peso, sim, mas não obrigatoriamente em volta da cintura. Ou seja, o padrão de acúmulo de gordura em determinada região do corpo é mais ligado a fatores genéticos do que à ingestão da bebida. O estudo mostrou que no período observado, tanto homens consumidores de cerveja quanto aqueles que não consumiam a loira, ganharam massa gordurosa na cintura em iguais proporções. No caso das mulheres, as apreciadoras de cerveja tiveram um crescimento mais acentuado nos quadris do que na barriga em si. Trocando em miúdos: cerveja consumida moderadamente *não* causa pança.

É claro que isso está longe de liberar o consumo exagerado. Quem quer perder peso continua tendo que cortar o álcool. E, sendo mais refrescantes, leves e menos calóricas, as cervejas Standard Lager do boteco são perfeitas ao pecado da gula: é virtualmente impossível contentar-se com uma só. Esse exagero na mesa do bar, somado ao salgadinho, ao tremoço e à porção de batatas fritas, seguramente vai fazer estragos na sua silhueta.

Por *moderação*, quase todos os trabalhos científicos apontam a quantidade diária de duas latinhas para homens e uma para mulheres. De cerveja Pilsen, diga-se novamente. Fazendo as contas, se um homem preferir beber um estilo de cerveja mais alcoólico, deverá observar essa relação; quanto maior o teor alcoólico, menor o volume a ser ingerido de forma saudável.

Todo mundo enche a boca para falar dos benefícios à saúde do consumo de "uma tacinha" de vinho por dia. Todavia, sabendo escolher bem a cerveja e adotando hábitos de consumo mais conscientes, responsáveis e saudáveis, é possível obter ainda mais desses benefícios com as brejas. Duvida?

Os principais componentes nutricionais da cerveja são essencialmente os glicídios (hidratos de carbono), o etanol e as proteínas. Qualquer cerveja contém mais de quatrocentos compostos que lhe conferem propriedades nutricionais e funcionais, além de vitaminas, sais minerais, diversos componentes fenólicos e fibras alimentares. Elas podem prevenir o aparecimento de diabetes do tipo 2 por reduzir os níveis de insulina. A cerveja oferece proteção ao organismo contra a doença coronariana (estudos mostram que a incidência é menor em consumidores moderados do que em abstêmios) por conter piridoxina e folatos. Brejas contêm polifenóis, ácido fólico e outras vitaminas do complexo B, que possuem capacidade antioxidante e são importantes na prevenção de doenças cardiovasculares. Cervejas desempenham importante papel quimiopreventivo, promovendo o equilíbrio da saúde do sistema nervoso e prevenindo acidentes cardiovasculares. Cervejas previnem a anemia e possibilitam significativo reforço imunológico. Cerveja ajuda na digestão, no desenvolvimento da flora intestinal e na regulação dos níveis de colesterol e de glicose no sangue. Cerveja contém silício, que possibilita maior densidade mineral óssea e previne a osteoporose. Cerveja contém potássio e sódio, que regulam a pressão arterial. Cerveja contém magnésio, que regula o metabolismo dos músculos (uma lata de cerveja Standard Lager fornece cerca de 8% da dose diária recomendada de magnésio). Cerveja é, sim, saúde!

O excesso de cerveja é prejudicial a ponto de tornar-se uma questão de saúde pública? Certamente! Assim como excesso de cachaça, de vinho, de uísque, de vodca, de comida, de jogo ou até de sexo. Para uma determinada categoria de hábitos lícitos e saudáveis (se moderados), é o *excesso*, e não o simples consumo, o grande problema.

Já está caindo de moda a percepção de que é preciso abater engradados de cerveja para se sentir bem. Com a imensa variedade de ótimas cervejas à disposição que não servem unicamente para matar a sede, refrescar e embriagar, a onda hoje, definitivamente, é beber *menos* e *melhor*.

ESCOLAS CERVEJEIRAS

Há registros de cervejas sendo feitas na Europa desde a Idade do Bronze. Porém, como você já viu no capítulo "História", os europeus fizeram a cultura cervejeira florescer no continente principalmente a partir da Idade Média. Foi nessa época que os estilos de cerveja começaram a se firmar nas regiões onde se plantavam grãos em vez de uva.

Mais que em outros lugares, as regiões europeias que correspondem hoje à Alemanha (compreendendo também a República Tcheca e a Áustria), à Bélgica (abarcando boa parte do norte da França e a Holanda) e às Ilhas Britânicas consolidaram-se como lugares nos quais a cerveja era ponto nevrálgico na vida dos habitantes e, nessa condição, os cervejeiros esmeraram-se ao longo dos séculos para elaborar cervejas que fizessem cada vez mais sucesso comercial.

Naquela época sem internet e telefone e com estradas precárias, a única forma de viajar entre essas regiões era a cavalo ou em carroças mal-ajambradas, e de ambos os modos os viajantes arriscavam a pele à mercê de assaltantes, que ficavam à espreita por entre os atalhos enlameados. Por esse motivo, as três regiões cervejeiras foram inventando estilos de cerveja com certa independência umas das outras, no que os *jeitões* de fazer cerveja ficaram para sempre diferentes entre elas. Sorte nossa! Esses *jeitões* diversos deram origem às três escolas cervejeiras europeias.

Já a nova escola cervejeira americana teve sua origem na década de 1970 por causa dos inventivos cervejeiros caseiros norte-americanos, inspirados nos estilos das escolas europeias para criar outros de lavra própria. Criaram, assim, o seu próprio *jeitão* de fazer suas cervejas.

As histórias dessas regiões e seus respectivos *jeitões* cervejeiros são determinantes para entender cada cerveja que você encontra em cada prateleira de supermercado ou empório, bem como na carta de cervejas do seu bar ou restaurante preferido — incluindo, claro, as cervejas brasileiras. Cada cerveja tem a sua história e, mesmo que seja um rótulo novo no mercado, sua receita também se inspira, forçosamente, em uma dessas quatro escolas cervejeiras.

A ESCOLA ALEMÃ

Imagine-se curtindo uma ressaca de matar, com direito a dor de cabeça, choro e ranger de dentes. E você tem absoluta certeza de que essa ressaca veio de uma cerveja sabidamente muito ruim que você tomou na véspera. É o que a lenda diz ter acometido Guilherme IV, duque da Baviera (região alemã onde hoje se localiza Munique), no longínquo ano de 1516, quando assinou a Reinheitsgebot, ou, para os íntimos, a Lei de Pureza da Cerveja. Guilherme tinha ótimos motivos para radicalizar. Até então, os cervejeiros da Baviera, na tentativa de "inovar" suas receitas, incluíam ingredientes bizarros na cerveja, como fuligem e cal, o que, provavelmente, teria causado a ressaca do duque.

Dizia a letra da Lei, entre outros dispositivos:

> Em especial, desejamos que daqui em diante, em todas as nossas cidades, nas feiras e no campo, nenhuma cerveja contenha outra coisa além de cevada, lúpulo e água. Quem, conhecendo esta ordem, a transgredir e não respeitar, terá seu barril de cerveja confiscado pela autoridade judicial competente, por castigo e sem apelo, tantas vezes quantas isso acontecer.

ESCOLAS CERVEJEIRAS

Pois bem, cervejeiros, vocês leram o que mandou o homem: água, cevada, lúpulo e só. O fermento só foi incluído nessa lei algum tempo depois, uma vez que ainda não era conhecido. Com data, hora e local, estava inaugurada a Escola Cervejeira Alemã, o *jeitão* de fazer cerveja que utiliza somente esses quatro ingredientes. E sim, a cerveja do estilo Pilsen (e também a "tipo Pilsen" do boteco) segue a escola germânica, uma vez que a região onde está hoje a República Tcheca — e a cidade tcheca de Pilsen, onde foi inventada — se encontrava nos domínios do ducado na época de Guilherme e, portanto, sob a lei.

A ressaca do duque, porém, embora pudesse ter acontecido um dia, não passa de lenda, ao menos do ponto de vista das verdadeiras razões que motivaram a promulgação da Lei de Pureza nos domínios bávaros. Embora se diga que a Reinheitsgebot tenha sido a lei de segurança alimentar mais longeva de que se tem notícia, assim como quase tudo o que acontece na História, seus fatos geradores foram puramente *econômicos*.

Na parte histórica deste livro já falamos sobre o *gruit*, aquela mistureba de ervas que, antes do uso massificado do lúpulo, servia para dar aroma à cerveja. Pois no século XVI, Guilherme andava abespinhado com

Guilherme IV da Baviera, o duque oportunista.

o *gruit*. Muitas congregações de padres católicos tomavam para si a fabricação do aromatizante, de modo que enriqueciam e, por conseguinte, fortaleciam o poder papal.

Não está muito longe da verdade a afirmação de que um dos estopins da Reforma Protestante foi a cerveja. Na época, fervilhava na cabeça coroada dos príncipes e da nobreza a ideia de apossar-se das enormes riquezas da Igreja Católica e, de quebra, ainda verem-se livres da pesada tributação imposta pela Santa Sé — incluindo a do comércio do *gruit*. Longe dos palácios, também a pequena nobreza, à beira do colapso, vivia de olho grande nas terras do papa.

Guilherme, oportunista que só ele, e apoiando a Reforma até a raiz dos cabelos, baixou a lei que, na prática, proibia o *gruit* nas cervejas — e, por conseguinte, quebrava uma das fontes de renda da Igreja Católica, que então controlava e tributava o seu comércio. A Lei de Pureza foi baixada em 23 de abril de 1516. Pouco mais de um ano depois, em 31 de outubro de 1517, Martinho Lutero, martelo em punho, pregava na porta da Catedral de Wittenberg suas *95 Teses*, inaugurando a Reforma. Aquela velha Europa jamais seria a mesma.

O outro agente motivador da Lei de Pureza foi o trigo. Tanto a nobreza — inclua o duque Guilherme nessa conta — quanto a população em geral apreciavam, já nessa época, a então nova Weizenbier, ou cerveja feita com trigo. Assim como o estilo Pilsen, deduz-se que as brejas de trigo também foram elaboradas primeiro na região que corresponde hoje à República Tcheca. Exportadas para a Baviera, logo caíram no gosto de todos os que podiam pagar por ela, já que era mais cara, em razão de a área de cultivo ser bem menor que a da cevada.

E foi justamente por causa disso que o ducado se viu, naquela época, em dificuldades: tanto padeiros quanto cervejeiros lançaram-se à disputa do precioso grão. Com a escassez de trigo para pão e cerveja em quantidades suficientes, a população fatalmente ficaria sem um ou sem outro — ou com pouco de ambos.

O ladino Guilherme, então, cortou dois talos com um só golpe de foice. Com o advento da Reinheitsgebot, assim como fizera com o *gruit*, proibiu o uso do trigo nas cervejas. Estava resolvido tanto o problema de desabastecimento — já que, a partir de então, o trigo só serviria mesmo para fazer pão — como os gostos cervejeiros refinados da corte.

Isso porque Guilherme seguiu o princípio do ditado "faça o que eu mando, não faça o que eu faço": as cervejas de trigo, a iguaria da época, continuaram a ser produzidas, mas apenas para abastecer a casa ducal. Quem não tinha sangue azul deveria contentar-se apenas com as cervejas produzidas com cevada. Esse monopólio só veio a cair quase três séculos mais tarde, em 1806, quando, na Reinheitsgebot, o termo "cevada" foi substituído por "malte", possibilitando, assim, o emprego do trigo nas receitas.

Nos dias de hoje, tanto no meio cervejeiro quanto nos assuntos botecais, é useiro e vezeiro afirmar, com certo ar de respeito reverencial, que a Reinheitsgebot é uma lei monolítica que ainda se encontra em pleno vigor na Alemanha, e que nem os séculos e as pressões de mercado puderam abalar. Afinal, a Lei de Pureza da Cerveja realmente continua valendo?

Sim e não!

As respostas à pergunta começam a se delinear em 1984, quando a Comissão das Comunidades Europeias processou a Alemanha ingressando em juízo com uma "ação por incumprimento fundamentado". Isso porque a Alemanha vinha impedindo a entrada em seu território de cervejas do restante da Europa que não seguiam a Reinheitsgebot. Como se fosse uma Segunda Guerra rediviva, a briga antagonizava a Alemanha contra o resto da Europa. E o motivo era a cerveja.

A ação internacional alegava que a Alemanha estava querendo instituir verdadeira reserva de mercado, o que é incompatível com a própria razão de ser da Comunidade Europeia, que tem como pilar básico o livre mercado entre os Estados-membros. A Alemanha, em resposta, defendia que estava ocorrendo efetiva discriminação inversa dos produtores nacionais, que passaram a contar nos respectivos mercados internos com a concorrência de produtos com a mesma designação, mas elaborados com um menor grau de exigência.

Mas havia aí, já de muito tempo, certa malandragem dos alemães. Pouca gente sabe que a velha Reinheitsgebot foi praticamente extinta ao ser incorporada, em 1952, pela menos conhecida Biersteuergesetz (lei fiscal sobre a cerveja). Esse dispositivo contém, por um lado, regras de fabricação que só se aplicam como tais às fábricas de cerveja estabelecidas na Alemanha e, por outro lado, uma regulamentação sobre a utilização da denominação "Bier" (cerveja, em alemão), que valia tanto para as cervejas fabricadas na então República Federal da Alemanha como para as cervejas importadas.

Vejam só, amiguinhos. As regras de fabricação das brejas são enunciadas no artigo 90 da Biersteuergesetz. O número 1 desta disposição prevê que, para a preparação de cerveja de baixa fermentação, não pode ser utilizado senão malte de cevada, lúpulo, levedura e água. O número 2 do mesmo artigo subordina a preparação da cerveja de alta fermentação às mesmas prescrições, autorizando, todavia, a utilização de outros maltes e a utilização de açúcar de cana, de açúcar de beterraba ou de açúcar invertido tecnicamente puro, bem como de glucose e de corantes obtidos a partir de açúcares dos referidos tipos.

E é aí que entra a malandragem. Segundo o artigo 17, número 4, do regulamento de aplicação da Biersteuergesetz (Durchführungsbestimmungen zum Biersteuergesetz, de 14 de março de 1952), podem ser concedidas derrogações às regras de fabricação dos números 1 e 2 do artigo 90 da Biersteuergesetz, para a preparação de cervejas especiais e de cerveja "destinada à exportação ou a experiências científicas". Para bom entendedor, um pingo é letra. Isto é, o aparente emaranhado de normas tentava esconder uma constatação óbvia: para a cerveja alemã a ser exportada, podia sim, ter aditivo além dos ingredientes da lei. Mas, na cerveja estrangeira que era importada para solo alemão, não podia. A Reinheitsgebot, portanto, só valia para "os outros"...

Vendo que ia perder a parada nos tribunais europeus, a Alemanha invocou outra lei doméstica, a *Lebensmittel und Bedarfsgegenststaendegesetz*, de 1974, que rege o comércio dos gêneros alimentícios, dos produtos à base de tabaco, dos produtos cosméticos e de outros bens de consumo, visando à proteção da saúde pública. A Comissão das Comunidades Europeias, claro, deu um pau na Alemanha, aplicando à questão o "Princípio da Proporcionalidade". Observem um trecho do texto traduzido do acórdão da Comissão, de 12 de março de 1987:

Evento com distribuição de cerveja gratuita na Alemanha, final dos anos 1970.

> Ao aplicar tal regulamentação aos produtos importados que contenham aditivos autorizados no Estado-membro produtor, mas proibidos no Estado-membro importador, as autoridades nacionais devem, todavia, face ao princípio da proporcionalidade que está na base da última fase do artigo 36º do Tratado (de livre circulação de mercadorias na CEE), limitar-se ao que seja efetivamente necessário para a proteção da saúde pública. Por isso, a utilização de um determinado aditivo, admitido num outro Estado-membro, deve ser autorizada no caso de produtos importados deste Estado, desde que, tendo em conta, por um lado, os resultados da investigação científica internacional, especialmente dos trabalhos do Comitê Científico Comunitário da Alimentação Humana e da Comissão do Codex Alimentarius da FAO e da Organização Mundial de Saúde, e, por outro lado, os hábitos alimentares no Estado-membro importador, este aditivo não apresente um perigo para a saúde pública e corresponda a uma necessidade real, designadamente de ordem tecnológica. Esta última noção deve apreciar-se em função das matérias-primas utilizadas, tendo em conta a apreciação delas feita pelas autoridades do Estado-membro produtor e os resultados da investigação científica internacional.
>
> O princípio da proporcionalidade exige igualmente que os operadores econômicos tenham a possibilidade de pedir, por um processo que lhes seja facilmente acessível e possa ser concluído em prazos razoáveis, que seja autorizado o emprego de determinados aditivos por um ato de alcance geral.

  A Alemanha não se deu por vencida. Invocando ainda um artigo da Biersteuergesetz, tentou impedir que as cervejas não alemãs que contivessem aditivos não pudessem ser comercializadas no país com a denominação "*bier*". A Comissão deu pau mais uma vez:

> Um Estado-membro não pode reservar o uso de uma denominação apenas para os produtos que satisfaçam os imperativos da sua regulamentação nacional, invocando as exigências de proteção dos consumidores porque, por um lado, as representações dos consumidores podem variar de um Estado-membro para o outro e ser suscetíveis de evoluir com o tempo no interior de um mesmo Estado-membro, não podendo a legislação desse Estado servir para cristalizar certos hábitos de consumo, para estabilizar uma vantagem adquirida pelas indústrias nacionais que se dedicam a satisfazê-los, e, por outro lado, uma denominação que tenha um caráter genérico não pode ser reservada apenas aos produtos fabricados segundo as regras em vigor nesse Estado-membro.

Ok, para não dizer que a derrota foi completa, a Alemanha levou pelo menos uma. Por consenso, admitiu-se que a cerveja que contivesse aditivos não poderia conter no rótulo que seria fabricada segundo os ditames da Reinheitsgebot.

Moral da história? O "grande mercado" ganhou de novo. As multidões de produtores de cerveja na Alemanha estão baixando a cabeça às novas regras do ramo. Respondendo aos desafios da competição global e do consumo em declínio, a indústria cervejeira alemã agora faz milhões de experimentos para assegurar que a pequena cerveja tradicional, um patrimônio cultural de fato, possa matar a sede do público e ainda assim lucrar. As estratégias envolvem uma redução de preços em um mercado que já é brutalmente competitivo.

A Reinheitsgebot? Hoje, segue a Lei de Pureza da Cerveja quem quer. A norma funciona, de fato, de um lado, por respeito às tradições da Escola Cervejeira Alemã. De outro, como instrumento de marketing para "atestar" a excelência de um determinado produto. E atesta?

Sim e não!

A aceitação da Lei de Pureza foi se dando aos poucos na Alemanha a partir da sua promulgação, e vigeu integralmente por mais de quatrocentos anos, motivo pelo qual, para o consumidor alemão, *na Alemanha*, a resposta será geralmente "sim". Hoje, por tradição às raízes da escola cervejeira, quase a totalidade das cervejarias na Alemanha segue a Reinheitsgebot. O alemão, extremamente afeito às suas raízes, importa de outros países apenas cerca de 5% da cerveja que consome — e estamos falando do terceiro maior produtor mundial de brejas, e o maior fabricante europeu. Em terras germânicas, contados cada homem, mulher e criança, bebe-se 100 litros por garganta, por ano. Para ele, a cerveja *tem* de seguir a Reinheitsgebot, e estamos conversados.

Mas não espere ouvir a mesma resposta de um belga, de um inglês, de um francês ou de um americano. Conforme veremos adiante, nas demais escolas cervejeiras não é apenas permitido, mas muito comum adicionar adjuntos aromáticos às cervejas sem que essa prática signifique que a bebida seja "impura". No restante do mundo, a observância da lei em sua integralidade fica à mercê da escolha dos cervejeiros.

No Brasil, temos algumas cervejarias artesanais nas quais todos os rótulos não sazonais pertencem à Escola Cervejeira Alemã e obedecem fielmente a Lei de Pureza, caso da Bamberg (Votorantim-SP) e a pequena Abadessa (Pareci Novo-RS).

Cervejas alemãs: a maioria ainda obedece a Reinheitsgebot.

Na Alemanha, até hoje, tudo o que se relaciona à cerveja possui dimensões grandiosas, refletindo a devoção que o povo alemão nutre pela bebida. Se no Brasil, cada cidade tem seu time de futebol, na Alemanha cada aldeia possui pelo menos uma cervejaria, que se torna "de coração" e é "defendida" por toda a vida por quem nasceu ali. Imagine-se viajando pelas estradas vicinais do interior de Minas Gerais, onde a cada quilômetro se avista uma casa de fazenda com seu respectivo alambique de cachaça. Pois na Baviera ocorre o mesmo, só que com pequenas cervejarias, muitas delas familiares, nas quais a mestra cervejeira, à moda dos velhos e bons tempos, ainda é uma mulher.

Os antigos burgos alemães, mesmo vizinhos, abrigavam não apenas cervejarias, mas também estilos diferentes de cerveja, que sobrevivem até hoje. É célebre entre os alemães a histórica rivalidade entre as cidades quase contíguas de Colônia e Düsseldorf. Na primeira, bebe-se o estilo Kölsch e na segunda, a breja local é a Alt. Só para sacanear a cidade vizinha — e sacanear, para os alemães, significa também dizer que a cerveja alheia é uma porcaria —, os habitantes de Düsseldorf

Bávaro com trajes tradicionais empunha, orgulhoso, sua cerveja.

CERVEJA — UM GUIA ILUSTRADO

Como a Kölsch é feita.

certa vez fizeram desenhar e publicar no jornal local a gravura que reproduzo acima, e que dispensa maiores comentários.

Esse culto cervejeiro dos alemães alimenta também estereótipos planeta afora. Em filmes, seriados, humorísticos e tudo o mais que se imagine em matéria de mídia, o alemão típico é quase sempre representado como aquele senhor meio idoso e barrigudo, de *lederhose* (aquele calção de couro com suspensórios) e invariavelmente com uma caneca de cerveja à mão. O típico Vovô Chopão, personagem-símbolo da Oktoberfest de Blumenau (SC). A imagem, entretanto, não é assim tão fantasiosa, já que no sul da Alemanha é possível se deparar com tipos tradicionais na rua, que se vestem à moda de uma Baviera rural ainda aferroada às velhas tradições.

E por falar em festa, aí vamos nós. A Oktoberfest de Munique, surgida para comemorar um casamento entre a nobreza em 1810, tornou-se a maior feira do mundo, atraindo a cada ano mais de 5 milhões de pessoas. Embora não seja seu único atrativo, a celebração à cerveja certamente é seu mais conhecido aspecto. Há versões da festa em todo o mundo, mas a brasileira, que acontece desde 1984 na cidade catarinense de Blumenau, só perde em número de visitantes para a original. A Oktoberfest é tão importante para os alemães que há o *estilo* de cerveja Oktoberfest, no qual as brejas, tradicionalmente, eram produzidas na primavera europeia especialmente para serem servidas no outono, que coincidia com a festa.

Fazem parte da Escola Cervejeira Alemã, além das Weizenbier (cervejas de trigo) e Pilsen, alguns outros estilos que talvez você conheça, como Bock, Dunkel, Helles, Rauchbier, Schwarzbier e outros (veja mais em "Estilos de Cerveja").

A ESCOLA FRANCO-BELGA

Para falar sobre ela, conto uma história:
O bar se chama 't Brugs Beertje e fica em Bruges, cidadezinha magicamente medieval, a cerca de uma hora de trem ou de carro de Bruxelas. Foi ali que, em exaustiva pesquisa pela internet, eu achara a cerveja que estava procurando degustar: a artesanal belga De Dolle Oerbier Special Reserva, uma maravilha em forma de breja. Minhas buscas cibernéticas indicavam que ela, que já é rara até mesmo na Bélgica, estava sumida. Só tinha ali.

E eis que, numa noite de setembro, havia chegado a minha chance de, enfim, provar a danada. Tudo o que me separava dela era o garçom. Cheguei ao Beertje e já comecei a puxar papo com ele, antevendo o sublime momento de degustar o objeto do meu desejo. Após ter conquistado sua simpatia, enfim, pedi pela cerveja.

"Eu tenho, mas não posso servi-la a você. A única taça que eu tinha para ela se quebrou semana passada."

Tentei evitar o pânico, mantive a fleuma e, preservando o clima amistoso, disse a ele que estava ali para degustar a cerveja, e que o copo não importava, podia ser qualquer outra taça, de qualquer outra cerveja. Para não parecer deselegante, só não falei que, se fosse o caso, beberia até mesmo na concha da mão.

"Você não entendeu. Eu *não* tenho o copo desta cerveja! Volte na semana que vem", rosnou ele, já me dando as costas e atendendo o freguês da mesa ao lado. Como assim, voltar na semana que vem? Logo eu, brasileiro com euros contados? Na semana seguinte, definitivamente, eu não poderia voltar ali. Pelo menos naquela incursão europeia, eu ficara sem a minha breja dos sonhos unicamente porque seu copo especial havia se quebrado.

    O que para nós pode parecer bizarro, a ponto de merecer uma muqueta na cara do garçom, para os belgas é natural. A Bélgica faz fronteira com a França, no que os dois povos dividem não apenas a língua — falada no sul do país — como também muitas das suas tradições e, por que não dizer, as manias. Nesse pensamento, é correto dizer que a cerveja é para os belgas assim como o vinho é para os franceses. Os belgas prestam em relação às suas cervejas o mesmo respeito reverencial dos franceses aos seus grandes vinhos. E isso, é claro, inclui servir as brejas em seus copos corretos, e eu estava vivenciando na pele essa reverência extrema. Mais do que qualquer outro povo, os belgas realmente idolatram cerveja.

    Para muitos estudiosos da bebida, incluindo este autor, a Bélgica pode ser considerada o paraíso da cerveja. Dentro de um território do tamanho do estado do Ceará, convivem em pacífica exuberância mais

Bélgica, o paraíso da variedade de cervejas.

de mil rótulos diferentes de brejas — e olhe que por lá existiam mais de 3 mil cervejarias antes das duas Grandes Guerras. Assim como preserva a sua reputação de lar da melhor cerveja do mundo, a Bélgica também é lar da maior cervejaria do planeta, a belgo-brasileira Anheuser-Busch, a AB InBev, que possui sede em Leuven, uma pequena cidade universitária a meia hora de trem de Bruxelas. A gigante cervejeira vende uma em cada cinco cervejas consumidas no globo, o que faz do país, em termos absolutos, um dos maiores exportadores mundiais da bebida. Os belgas exportam mais da metade da cerveja que produzem.

Mas como uma pequena nação famosa muito mais pelas batatas fritas (que eles juram ter inventado), pelo chocolate (realmente delicioso), pelo *waffle* e pelos eurocratas (por sinal, o Parlamento Europeu está hoje no lugar ocupado anteriormente por uma antiga cervejaria) pode ser assim tão dominante em matéria de cerveja?

A escola cervejeira belga é admirada por várias razões de cunho histórico. Mais do que qualquer outra região da Europa, os belgas conseguiram preservar suas antigas tradições no modo de fazer cervejas.

A tradicional Brasserie D'Achouffe, nas Ardennes belgas.

E ainda mais do que isso, como a Bélgica está situada numa encruzilhada geográfica, seu território foi constantemente invadido e ocupado em guerras ao longo de sua turbulenta história. Seus cervejeiros, por essa razão, acabaram absorvendo e incorporando as culturas cervejeiras de outros povos, seja pelas invasões ou pela simples proximidade territorial e cultural.

Desde tempos remotos, os belgas utilizam a mais variada gama de aromatizantes em suas cervejas. Na Idade Média, já eram ali muito populares as brejas feitas com ervas como coentro e alcaçuz, especiarias como o gengibre e frutas como a framboesa e a cereja. A tradição perdurou até mesmo depois que o *gruit* passou a dar lugar ao lúpulo como ingrediente básico.

Dessa forma, livres do ferrolho imposto aos cervejeiros alemães pela Lei de Pureza do duque Guilherme IV, na Bélgica virtualmente tudo é possível no tocante aos ingredientes e às formas de fabricar cerveja. Não há preconceito. Há desde brejas de trigo, suaves e aromáticas — as Witbier —, passando pelas mais tostadas, enveredando pelas de frutas, até cair de amores pelas Flanders maturadas em barricas por anos. Dá para se apaixonar fácil pelas Saison criadas com base em antigas receitas de família, pelas Tripel deliciosamente perfumadas, pelas Dark Strong Ale ultracomplexas, pode-se estranhar — e, eventualmente, adorar — as cervejas Lambic feitas como se a humanidade ainda não tivesse descoberto a arte de domar as leveduras, e festejar tudo isso com uma Bière Brut elaborada à maneira dos grandes champagnes. Além das manjadas Stella Artois e Jupiler — as Lager suaves mais vendidas na Bélgica —, o degustador atento poderá escolher entre uma hileia de variedades de cerveja. Como o leitor poderá acompanhar no capítulo "Estilos", a escola belga prima pela multiplicidade de estilos e insumos. Uma viagem pelas cervejas belgas é, sem sombra de dúvida, uma autêntica festa para os sentidos.

Além da história, a geografia também ajudou os belgas. O país fica dentro de um cinturão climático no qual é muito frio para o plantio de uvas que poderiam produzir vinhos de qualidade. Em compensação, esse mesmo clima é perfeito às culturas dos grãos e dos lúpulos, os ingredientes básicos da cerveja. A Bélgica também é conhecida pela água de alta qualidade, característica vital, sobretudo na época em que a ciência ainda não era desenvolvida a ponto de possibilitar a sua alteração físico-química para uso cervejeiro. A fama da água belga já era conhecida desde a dominação dos romanos, que se esbaldavam em termas onde hoje fica a cidade de Spa, conhecida na Roma antiga como *Aquae Spadanae*. O nome desta cidade vizinha a Liège, por essa razão, virou designação genérica universal de *resort*.

Na Bélgica, a cerveja era bem-vista pela população, o que não acontecia, por exemplo, na Grã-Bretanha, onde a bebida era relacionada às classes mais baixas. Esse esnobismo dos ingleses — que preferiam o vinho — caiu bem aos belgas. Como o vinho não era produzido no país e era muito caro para ser importado, os cervejeiros belgas elaboravam cervejas mais alcoólicas para atender aos gostos desses degustadores. O resultado não poderia ser melhor: até hoje há estilos e rótulos de cerveja sendo produzidos que se assemelham magistralmente aos grandes vinhos. Isso possibilitou que a indústria cervejeira local fosse alavancada pela demanda do mercado: em 1900, os belgas já consumiam o dobro de cerveja em comparação aos ingleses e alemães.

O monge e sua cerveja: o catolicismo medieval impulsionou o surgimento da escola cervejeira belga.

Sob todos os aspectos, porém, a grande impulsionadora da escola cervejeira belga foi a instituição do catolicismo. Após a derrocada do Império Romano, mosteiros católicos foram aos poucos sendo implantados na região. Como você já leu no capítulo "História", nesses lugares de oração, os monges elaboravam cervejas como fonte de alimento e para matar a sede, bem como para alimentar os peregrinos que lá batiam ponto. As receitas cervejeiras passaram de um monge copista a outro ao longo de gerações, e foram continuamente aperfeiçoadas ao longo dos séculos. Com tudo isso, não teria como a escola cervejeira belga não ser essa maravilha que é.

Mais do que em qualquer outro lugar no mundo, as tradições monástico-cervejeiras ainda se encontram plenamente ativas na Bélgica. Muitos rótulos ainda ostentam a indicação "cerveja de abadia", indicando que, embora produzidas em escala industrial, foram elaboradas segundo receitas seculares dos monges. É o caso das cervejas Leffe (hoje de propriedade da AB InBev), Maredsous e St. Bernardus.

Dentre as cervejas belgas de origem monástica, uma determinada classe de cervejarias se destaca. A Ordem Trapista (oficialmente, Ordem dos Cistercienses Reformados de Estrita Observância) é uma congregação religiosa católica. Seus monges seguem o princípio fundamental do *ora et labora*, vivendo em grande austeridade e silêncio. Fazem três votos: pobreza, castidade e obediência. Assim, as cervejas, fabricadas obrigatoriamente no interior dos mosteiros e sob a supervisão direta dos religiosos, não são comercializadas com o propósito de lucro, mas apenas para manter o funcionamento das próprias abadias e alguns serviços de caridade ao redor do mundo.

Das centenas de mosteiros cistercienses em todo o mundo, apenas onze deles (até o fechamento desta edição) elaboram as cervejas *trapistas*, como são conhecidas. São cinco mosteiros na Bélgica (Orval, Chimay, Westmalle, Rochefort e Westvleteren), dois na Holanda (La Trappe e Zundert), um na Itália (Tre Fontane), um na Áustria (Engelszell), um nos Estados Unidos (Spencer) e um na Inglaterra (Tynt Meadow). Esses

ESCOLAS CERVEJEIRAS

La Trappe

mosteiros, por enquanto, são os únicos autorizados a marcar seus produtos com o selo de autenticidade trapista (ATP), garantindo a origem monástica de sua produção.

Duas outras abadias, a Mont des Cats (França) e Cardeña (Espanha), por muitos consideradas trapistas, não podem ostentar o selo ATP, uma vez que suas produções são feitas fora dos muros dos respectivos monastérios. Já a belga Achel "perdeu" o selo em janeiro de 2021, quando a produção das cervejas, embora ainda feita dentro de seus domínios, passou a não ser mais supervisionada por um monge cisterciense.

Até o início do século XX, as cervejarias belgas, fossem monásticas ou familiares, eram pequenas e fragmentadas. Os custos iniciais de insumos eram baixos — já que grãos e lúpulos eram plantados nas propriedades produtoras —, mas o transporte era muito caro, razão pela qual o consumo era altamente regionalizado. Quem vivia na região da Valônia (sul do país, onde se fala francês) tinha pouco ou nenhum contato com as cervejas produzidas em Flandres (norte belga, cujo idioma é o flamengo, tecnicamente um dialeto do neerlandês, a língua popularmente conhecida como "holandês"), e vice-versa. Todas as cervejas belgas eram elaboradas com fermento Ale ("alta fermentação") e eram invariavelmente opacas.

A modernidade, porém, atropelou esse paradigma. No final do século XIX, uma nova técnica de fermentação inventada na Baviera (Alemanha) e desenvolvida na Boêmia (República Tcheca) desembarcou como uma bomba na Bélgica. As cervejas da família Lager ("baixa fermentação") necessitavam de investimentos muito maiores para a sua produção, uma vez que a fermentação requeria a refrigeração mecânica — também recém-inventada — e períodos maiores de maturação. Todavia, aquela cerveja fulgurante, dourada e translúcida logo caiu em cheio no gosto dos consumidores. Dentre as novas fábricas de cervejas Lager que foram surgindo, uma obteve mais sucesso comercial perante todas as outras. Seu nome era Stella Artois.

O início da companhia remonta a 1366, quando uma cerveja começou a ser produzida na localidade belga de Den Hoorn, na cidade de Leuven. Na década de 1920, a Artois já praticamente dominava o mercado belga por quase um século. Em 1987, adquiriu sua concorrente direta, a cervejaria Piedboeuf, da cidade de Jupille, formando o grupo denominado Interbrew, o qual por sua vez, comprou a canadense Labbat (1995), a russa Sun (1999), a inglesa Bass & Whitbread (2000), a alemã Beck's (2001) e a chinesa Zhujiang (2002).

Monge trapista degustando sua criação.

A nova companhia não durou muito: já em 2004, a Interbrew fundiu-se com a brasileira AmBev, dona das marcas Brahma, Antarctica e Skol, formando a InBev. Na escalada vertiginosa de fusões e aquisições dessas *big players* cervejeiras, a InBev durou menos ainda que a Interbrew: dois anos depois, em 2008, anunciou uma oferta de 52 milhões de dólares americanos para comprar a Anheuser-Busch, então a maior cervejaria dos Estados Unidos, dona do rótulo Budweiser. Com essa aquisição, a InBev virou o maior grupo cervejeiro do mundo, posto que ocupa atualmente. O nome da empresa foi posteriormente alterado para "Anheuser-Busch InBev" e é dona de um quarto de todas as cervejas vendidas no globo.

A Anheuser-Busch InBev é detentora de muitas marcas nos segmentos onde atua. Essas marcas são originárias das diversas cervejarias incorporadas durante seu crescimento. Uma delas, veja só, é uma cerveja de receita original monástica, a Leffe.

Mas nem todas as cervejas belgas renderam-se ao grande capital. A maioria dos rótulos belgas ainda é artesanal, e as cervejas, feitas como nos velhos tempos. As cervejas trapistas, na contramão da sanha capitalista, ainda estão firmes e fortes. No mosteiro de São Sisto, na localidade rural de Westvleteren, ainda é fabricada a única cerveja produzida exclusivamente por monges.

Produzida em quantidade ínfima, as cervejas Westvleteren são consideradas por muitos especialistas as melhores do mundo. Uma delas em especial, a Westvleteren 12, é a campeã de vários rankings de cervejas

Tinas de maturação da cervejaria Rodenbach, Bélgica.

— incluindo o do site *Brejas*. As garrafas sequer possuem rótulos, de modo que só podem ser identificadas pelas tampinhas. São quase impossíveis de encontrar mesmo na Bélgica. A única maneira "legal" de adquiri-las é telefonando para o mosteiro. Caso você consiga ser atendido, deve conversar com um monge, que anotará seu nome e a placa do seu carro. Daí é só esperar: quando estiver pronta a próxima leva, alguém retornará a ligação pedindo para que você apareça no mosteiro em data e horários determinados. Lá, após enfrentar uma fila de carros, você terá direito a uma (eu disse uma!) caixa com 24 garrafinhas de 330 ml da preciosidade. Nem tente visitar a cervejaria do mosteiro: você logo receberá um passa-fora do monge de plantão, que rosnará a você que eles são religiosos, e não cervejeiros. Aconteceu comigo.

Em pleno século XXI, a melhor cerveja do mundo não tem rótulo nem marketing, é produzida em quantidades mínimas, é quase impossível de comprar e custa somente 4 euros. Definitivamente, a escola cervejeira belga prova que esse mundo ainda tem jeito e nem tudo está perdido...

Delirium Café, Bruxelas, Bélgica.

A ESCOLA BRITÂNICA

Quando as tropas de Júlio César chegaram à Britânia no ano 54 a.C., depararam-se com um povo estranho — o celta — que consumia largamente uma estranha beberagem feita à base de cevada. Não há registros precisos que deem conta da primeira cerveja feita em solo britânico, mas, a partir de provas arqueológicas recentes, é certo que os invasores romanos, enquanto permaneceram nas Ilhas Britânicas, à falta de vinho, sustentaram-se bebendo a breja dos conquistados. À falta de lúpulo, aromatizava-se a cerveja, provavelmente, com mel ou artemísia.

Na Idade Média, a Bretanha (a britânica, não a francesa) seguiu a tendência europeia do norte dos Alpes no consumo de cerveja. Uma vez que, naqueles tempos, a pureza da água raramente podia ser garantida, a cerveja era uma das bebidas alcoólicas mais consumidas para matar a sede e se alimentar. O norte europeu, nessa época, aproveitava-se alegremente da cerveja como fonte calórica. Segundo estimativas históricas,

Trabalhadores misturando malte em uma cervejaria britânica, xilogravura de Gustave Doré, 1872.

naqueles tempos o consumo de cerveja na Inglaterra era de pantagruélicos 300 litros por habitante, o que faz supor que era natural permanecer em estado de constante embriaguez. Em comparação com o homem medieval, e em que pese a patrulha da turma do politicamente correto, vivemos todos hoje em tempos absolutamente sóbrios...

Fazer cerveja, assim como fazer pão, era uma tarefa feminina naqueles tempos e, inicialmente, as cervejas elaboradas por essas cervejeiras era destinada somente ao consumo familiar. Com o tempo, algumas dessas *Alewives* — ou "esposas-cervejeiras", como eram apelidadas naquela época — mais talentosas passaram a atrair a fama em suas aldeias e cidades por causa das suas cervejas mais saborosas. Sentindo a oportunidade, as *Alewives* britânicas passaram a vender suas cervejas à população. Um curioso costume da época era a *Alewife* hastear na porta de casa uma varinha — a *"Ale stacker"* — anunciando que sua cerveja estava pronta, no que o povo para lá corria a fim de comprar boa cerveja ou trocá-la por bens de interesse da dona da casa.

Essa inusitada e oportuna atividade comercial das esposas-cervejeiras logo deu início ao surgimento das casas especializadas em cerveja, as *Alehouses*, nas quais se podia entrar e permanecer bebendo cerveja e confraternizando. Naturalmente, as *Alehouses* foram se tornando, com o tempo, pontos de encontro das comunidades, onde, além de passar o tempo, podia-se conversar sobre a vida alheia e até fechar negócios. Surgiram, assim, as denominadas *public houses*, ou *pubs*, que disponibilizavam comida, acomodação para pernoite e cervejas cada vez melhores, a fim de atrair cada vez mais a clientela.

Até um determinado período da Idade Média, a cerveja britânica era elaborada apenas pelas *Alewives* e, assim como acontecia em todo o resto da Europa, pelos monastérios católicos. Antes da chegada do lúpulo no século xiv, a bebida era aromatizada com ervas, frutas e vegetais da época em que fosse produzida, no que era chamada simplesmente de "Ale". Já "cerveja" era o nome da bebida na qual o novo ingrediente, o lúpulo, era adicionado.

O súbito sucesso comercial dos pubs fez crescer os olhos dos homens de negócios do reino. Farejando a oportunidade de lucrar, os investidores passaram a se envolver na fabricação da cerveja, associando-se em guildas para montar cervejarias mais bem-estruturadas e com cervejas

Time de cervejeiros da Fuller's, com seu mestre-cervejeiro ao centro, 1908.

mais confiáveis do que às das *Alewives*. A primeira dessas guildas foi estabelecida em 1342, em Londres. Essas associações foram, ao fim e ao cabo, as primeiras cervejarias comerciais de que se tem notícia. Como tais guildas eram muito mais organizadas que as *public houses* e vendiam um produto mais bem-feito, pubs, pousadas e tavernas daquele tempo deixaram de fabricar eles mesmos suas cervejas e passaram a comprá-las das sociedades cervejeiras recém-instaladas. Estava decretado o ocaso das *Alewives*, as esposas-cervejeiras. A arte de fazer cerveja passava definitivamente ao domínio masculino.

    Como regra universal desde que o Estado existe, enquanto a atividade cervejeira fazia dinheiro e se estabelecia, os detentores do poder deveriam meter a mão e surrupiar para si o seu quinhão. No século xv foi instituída a figura do *Ale-conner*, oficial estatal a quem competia atestar a qualidade da cerveja produzida e fixar o *quantum* a ser pago em tributos ao reino. Os *Ale-conners* também fiscalizavam se uma determinada cerveja estava ou não sendo vendida a preço justo. O modo bizarro pelo qual realizavam seu ofício era capaz de fazer um observador moderno rolar de rir: vestindo grossas calças de couro, os *Ale-conners* mandavam verter a cerveja numa bancada de madeira e se sentavam em cima da poça resultante. Dependendo do quão pegajosa era a cerveja e da forma pela qual grudasse em suas calças quando levantassem, os *Ale-conners* determinavam seu teor alcoólico — e quanto em imposto iam cobrar por ela.

A TRADIÇÃO ESCOCESA

Famosa por suas terras que produziam grãos aos borbotões — os mesmos maltes que faziam o uísque faziam também a cerveja —, a Escócia desenvolveu, no século XVII, uma forma de fazer cerveja diferenciada daquela que estava em voga na Inglaterra. As pequenas cervejarias se localizavam, em geral, nas grandes cidades. Um censo determinara que em Aberdeen existiam exatos 144 produtores de cerveja no ano de 1693.

As tradicionais são até hoje caracterizadas pela coloração geralmente escura e presença substancial de malte no aroma e no paladar. Não são ricas em lúpulos — eis que a erva demorou a chegar à Escócia em razão da distância e dos altos custos de importação —, mas apresentam rico dulçor maltado.

Trabalhadores na construção de barris para envase e distribuição de cervejas da Green King, no início do século XX.

Os estilos escoceses de cerveja floresceram no século XIX, durante o qual a moeda corrente era chamada de *shilling* (ou xelim, uma antiga subdivisão da libra esterlina), e a tributação sobre os tonéis saídos das manufaturas era feita a partir do seu teor alcoólico — quanto mais álcool, maior era o imposto. Assim, as Ale de maior teor alcoólico custavam mais caro.

Ou seja, uma Scottish Light 60 Shilling era a mais leve (cerca de 3% de potência alcoólica) e custava justamente 60 xelins o barril; a Scottish Heavy 70 Shilling, vendida a 70 xelins, tinha cerca de 3,5% ABV; a Scottish Export 80 Shilling tinha cerca de 5% ABV e era vendida a 80 xelins; por último, havia a Wee Heavy, a mais forte, com até 10% de teor alcoólico, vendida a 90 xelins, embora houvesse variação.

A história da cerveja no Reino Unido permaneceu mais ou menos a mesma até o romper do século XVIII e o tonitruar das máquinas da Revolução Industrial. O liberalismo econômico, a acumulação de capital e o gênio inventivo humano que engendrara o motor a vapor, possibilitavam que a automação substituísse a manufatura.

Levas de pessoas deixaram o ambiente rural, até então uma regra, e desembarcaram de mala e cuia nas cidades, onde se estabeleciam as

Homem desfrutando de uma cerveja ao lado de seu cão no País de Gales.

novas fábricas. Uma nova relação entre capital e trabalho se impôs. Os antigos artesãos e, de roldão, todos os trabalhadores, perderam para sempre o controle do processo produtivo.

A indústria cervejeira e a Revolução Industrial, desde o início desta última, sempre andaram lado a lado, de mãos dadas e trocando carinhos. As novas grandes cervejarias de então passaram a investir pesado em melhorias e barateamento dos processos cervejeiros, além de incrementarem os meios de transporte para a distribuição mais eficiente das suas cervejas para lugares cada vez mais distantes. A Revolução Industrial, como não poderia deixar de ser, atingiu em cheio e deixou quase moribunda a antiga produção artesanal de cerveja. As novas brejas industriais, mais baratas — e, em alguns casos, melhores — que as das antigas *Alewives*, pubs ou pequenas guildas, tomaram de assalto os gostos das populações das cidades, cada vez mais inchadas de sedentos operários.

O estilo de cerveja que marcou a Revolução Industrial no Reino Unido foi o Porter. O primeiro registro desse novo estilo é atribuído à cervejaria Harwood's, de Londres, que elaborou uma breja substanciosa e calórica, na medida para alimentar os fortes carregadores que

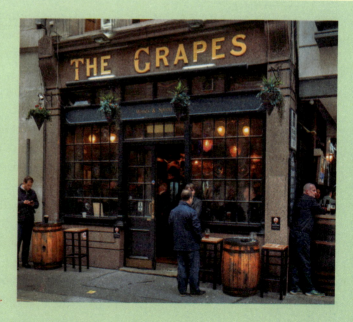

Pub londrino.

Barris de cerveja sendo carregados em barcaça na cervejaria Marston's, Burton Upon Trent, Inglaterra.

cruzavam a capital inglesa levando nos ombros os produtos das fábricas para serem vendidos nos mercados da cidade. O sucesso sorriu para o estilo Porter por esta ser a primeira cerveja que maturava nos porões das cervejarias e chegava pronta para ser bebida nos pubs — até então, as antigas Real Ale eram enviadas ainda muito jovens aos bares, e precisavam ser maturadas por lá mesmo.

Como podia ser feita em grande escala, as Porter enriqueceram muitos fabricantes da noite para o dia. O êxito, porém, não era gratuito; esses cervejeiros foram pioneiros no estudo microbiológico aplicado à fermentação das cervejas, bem como desenvolveram pela primeira vez as avós das modernas grandes cubas de armazenagem. Novos inventos, como os termômetros, densímetros e microscópios, eram aplicados ao processo produtivo, melhorando muito a qualidade final da cerveja.

Foi nessa época, em 1759, que um certo Arthur Guinness arrendou uma antiga fábrica em Dublin, na Irlanda, e começou a produzir uma adaptação mais alcoólica, escura, opaca, amarga e com mais maltes tostados que a Porter. O novo estilo passou a ser conhecido como Stout. A supremacia das Porter e Stout só foi abalada por volta de 1840, com outros dois tipos de cerveja que se tornaram muito populares em todo o reino: as Pale Ale e India Pale Ale, desenvolvidas na cidade de Burton-on-Trent. Os ingleses logo passaram a preferir as novas brejas, mais claras, frisantes e refrescantes.

Foi justamente por causa das Pale Ale que a "revolução Lager" demorou mais para acontecer no Reino Unido. As brejas de "baixa fermentação", também suaves, claras e refrescantes, que andavam varrendo o mundo todo, levaram um tempo extra para se estabelecer em solo inglês, o que aconteceu apenas na segunda metade do século xx.

Outros motivos também explicavam essa demora. Ciosos das suas cervejas Ale, que não necessitavam de refrigeração artificial para serem elaboradas, os cervejeiros britânicos levaram mais tempo para incorporar esses equipamentos — necessários para a fermentação e maturação das Lager — em suas fábricas. E também existia o proverbial orgulho nacional inglês, que tradicionalmente rechaçava produtos vindos de fora do reino.

Fosse como fosse, finalmente a Inglaterra via-se invadida pelas novas cervejas Lager, inventadas muitos anos antes pelos tchecos, e que já dominavam todo o mundo. A mentalidade desde sempre vigente entre os ingleses de que tudo o que era inglês era melhor foi se esboroando a partir dos anos 1970 com o colapso do império britânico do pós-guerra. Foi também a época em que as viagens de avião começaram a ficar mais acessíveis à população, possibilitando que muitos ingleses saíssem da gaiola dourada da rainha e experimentassem outras cervejas que não fossem as inglesas.

Uma campanha publicitária da holandesa Heineken no tórrido verão de 1976 prenunciava o que estava por vir: mostrava sua premium Lager na posição de cerveja que viria refrescar as gargantas, além do próprio produto ter um design muito mais bacana do que os da velha indústria cervejeira inglesa. Essas, por sinal, começavam a produzir cervejas Lager estrangeiras sob licença. Era o raiar da era das Lagers nas Ilhas Britânicas.

Essa industrialização da cerveja em larga escala trouxe uma desvantagem: a derrocada dos antigos estilos da escola cervejeira inglesa, como Stout, Porter, Pale Ale, Bitter Ale, Barley Wine e outros. Tudo em nome das lucrativas cervejas Lager estandardizadas, em sua maioria muito parecidas entre si, suaves, com poucos atributos aromáticos e de sabor, e feitas para refrescar despreocupadamente, sem maiores propostas gastronômicas.

Contudo, nem todos nas ilhas estavam contentes com a estandardização cervejeira que a sanha capitalista impunha. Em 1971, um grupo de quatro entusiastas de cerveja ingleses — Bill Mellor, Graham Lees, Michael Hardman e Jim Makin — inconformados com a produção em massa cada vez maior, fundaram uma associação de consumidores de cerveja batizada de CAMRA — Campaign for Real Ale, com objetivos claros de proteger duas instituições britânicas sob ameaça: os pubs tradicionais e as Real Ale, o estilo de cerveja que existia antes do advento das Porter.

As Real Ale eram brejas tradicionais do século XVIII acondicionadas em barris de madeira. Chegavam aos pubs ainda maturando e, conforme os dias se passavam, era possível ao degustador avaliar a evolução da segunda fermentação no barril.

Quase sem carbonatação, o modo de extração das Real Ale é o bombeamento manual — ao contrário da extração sob pressão dos barris modernos.

Adotar um estilo de cerveja secular e quase extinto foi a forma que a CAMRA encontrou para conclamar os ingleses e o resto do mundo a voltar a consumir cervejas artesanais dos velhos e tradicionais estilos britânicos — incluindo as já então extintas Shilling escocesas —, elaboradas em pequenas cervejarias e sob o controle direto do mestre-cervejeiro — e não de campanhas publicitárias agressivas e massificadas. Antes de qualquer coisa, a CAMRA propõe que o consumidor possa *escolher* a própria cerveja, e não se contentar com aquela que lhe é empurrada pela propaganda e pelos milionários acordos entre megacervejarias e donos de pubs.

O trabalho desenvolvido pelos membros da CAMRA vem atingindo seus objetivos: a partir dos anos 1980, o interesse pelas brejas de estirpe voltou a iluminar corações e mentes de consumidores no mundo todo. A associação possui mais de 130 mil membros em todo o globo, publica uma revista mensal de grande circulação e realiza grandes festivais de cerveja no Reino Unido e fora dele. A organização foi a responsável indireta pelo nascimento da nova escola cervejeira americana.

O reino da cerveja está a salvo!

A NOVA ESCOLA AMERICANA

Em março de 2009, quando quase ninguém no Brasil falava das cervejas artesanais americanas, resolvi empreender uma viagem eminentemente exploratório-cervejeira em terras do Tio Sam. Dada a dimensão continental dos Estados Unidos em contraposição ao meu tempo escasso, nada mais producente do que ir direto à cidade-síntese do país, Nova York. Havia planejado de antemão os pubs e cervejarias aonde iria, tudo em razão do tempo da viagem e dos rótulos a serem degustados, mas nada me preparou para as surpresas que vivenciei. A chamada nova escola americana se revelava muito mais criativa do que eu imaginava. Voltei de lá com uma penca de experiências cervejeiras para contar, além de fotos, vídeos e dicas de pubs e cervejarias para lá de interessantes na metrópole americana.

Ao longo dos dias após o meu retorno, fui publicando tudo isso no blog do site *Brejas*, no que aticei o interesse dos degustadores brasileiros em relação às cervejas gringas. Na época, eu considerava um assombro que os importadores brasileiros ainda não tivessem se dado conta dos sabores, das aparências, texturas e das inusitadas fórmulas das brejas artesanais americanas. Cada postagem que eu publicava tinha que terminar com o bordão "Alô, importadores!", na esperança de que algum deles se compadecesse e, enfim, trouxesse para cá as cervejas. A azucrinação deu resultado: os importadores nacionais, sentindo o potencial do mercado, logo começaram a atender a esses apelos. Já no final daquele mesmo ano, começaram a pintar por essas bandas as primeiras cervejas da nova escola cervejeira americana, movimento que persiste até hoje.

Muito além da Budweiser, o que faz das quase 2 mil cervejarias artesanais americanas assim tão importantes a ponto de inaugurarem não apenas estilos isolados, mas toda uma escola cervejeira, um *jeitão* diferente de fazer cerveja?

Antes de embarcar, em pesquisas preparatórias para a viagem, sempre lia que a palavra de ordem dos cervejeiros artesanais americanos era *mais*. *Mais* lúpulo, *mais* malte e, em alguns casos, *mais* álcool. Era, sobretudo, essa característica que diferenciava a nova escola cervejeira americana da sua inspiradora europeia.

ESCOLAS CERVEJEIRAS

Apesar desse radicalismo — que, para alguns, pode soar "americano" demais — vi *in loco* que as fórmulas geralmente funcionam, e muitíssimo bem. Mas observei também que somente a característica do *mais* era absolutamente insuficiente para retratar toda uma geração de inventivos cervejeiros que, literalmente, fizeram escola. O *mais* tinha muito mais.

Para tentar esquadrinhar as vicissitudes dessa "nova onda" cervejeira, é mais que necessário que o leitor entenda um pouco da história do nascimento e do renascimento das cervejas artesanais nos Estados Unidos. Este último, por sua vez, deu-se relativamente há pouco tempo, e vem revolucionando o mundo cervejeiro.

É sabido que tribos nativas já elaboravam cerveja em solo americano bem antes da chegada dos europeus. Estima-se que essa cerveja fosse feita com milho (abundante na região), seiva de árvores e bétula. Sabe-se, contudo, que a primeira cerveja produzida nos Estados Unidos por europeus foi feita por mãos holandesas.

Nos séculos XVI e XVII, era comum holandeses e ingleses virem ciscar nas Américas, ignorando o recém-promulgado Tratado de Tordesilhas, que dividia as novas terras apenas entre os dois reinos católicos Portugal

A antiga Anchor Brewery de São Francisco, em foto da virada do século XX.

e Espanha. Foram os holandeses que acabaram fundando Nova York — cujo primeiro nome era Nova Amsterdã — e logo estabeleceram uma cervejaria na ilha de Manhattan, em 1612. Já em 1685, outra cervejaria, comandada pelos ingleses, despontava na Filadélfia. Várias outras pequenas fábricas de cerveja foram também abertas em Baltimore durante o período colonial. Juntos, holandeses e ingleses, cada qual à sua maneira, imprimiram suas culturas nos Estados Unidos e fizeram com que os hábitos de consumo fossem dominados pela cerveja, e não pelo vinho.

Esse crescimento cervejeiro teve uma interrupção inesperada na segunda metade do século XVIII, durante a Guerra de Independência americana, já que os ingleses bloqueavam os portos do novo país, impedindo o comércio de insumos.

Certamente, a falta repentina de cerveja era uma tortura aos "pais fundadores" do estado americano, dado que quase todos eram amantes inveterados de cerveja. George Washington era presença frequente nas tavernas de Manhattan, assim como Thomas Jefferson e James Madison, os quais viviam apregoando os benefícios da bebida. Samuel

Fábrica da Anheuser-Busch em St. Louis, Missouri, final do século XIX.

Adams, além de signatário da Declaração de Independência e membro do primeiro Congresso, também era ele mesmo produtor de malte.

Após a guerra, o novo país viu o número de novas cervejarias florescer em seu território às dezenas, de costa a costa. Ainda sob a influência cultural dos britânicos, as cervejas que embalavam os duelos em frente aos *saloons* eram do estilo Porter, além das Real Ale que chegavam às tavernas ainda maturando nos barris.

Esse cenário mudou literalmente da noite para o dia no ano de 1840. Um certo John Wagner trouxe da Baviera um novo tipo de fermento que possibilitava a produção de um tipo de cerveja de corpo leve e aparência dourada — a Lager —, que logo caiu no gosto da população. Wagner, aquele sortudo, também estava no lugar certo e na hora certa: a partir dos anos 1830, acontecia nos Estados Unidos uma grande onda de imigração europeia, incluindo de alemães, os quais logo sentiram-se em casa a bordo do estilo de cerveja que já enchia suas canecas na Alemanha. Assim como já ocorrera com o restante do mundo cervejeiro naqueles tempos, a cerveja Lager, de "baixa fermentação", varria também os Estados Unidos.

McSorley's Old House, o saloon mais antigo de Nova York, ainda em funcionamento.

Se algo de muito errado aconteceu com a cerveja ao longo dos milênios — como a sua estandardização —, muito dessa culpa se deve aos cervejeiros norte-americanos do início do século XX. Foram eles que começaram a experimentar adicionar milho e arroz nas cervejas como forma de torná-las mais claras. Todavia, conceda-se um desconto a eles: naquela época, a escassez de cevada era bastante comum. Além disso, o arroz e, sobretudo, o milho davam-se melhor nas terras férteis da América. A conjuntura fez do que era simples experimentação um expediente corrente. Aos poucos, as vantagens da inserção dos adjuntos às cervejas provaram ser muito eficazes, barateando seu custo final e possibilitando que os consumidores das classes sociais mais baixas aderissem à bebida, substituindo-a pelo destilado aos quais estavam acostumados até então.

Em 1876, havia mais de 2 mil cervejarias nos Estados Unidos, todas artesanais, quase sempre tocadas por imigrantes europeus, cujas cervejas eram populares apenas nas cercanias de cada fábrica, sem distribuição para o resto do país. Já em 1810, esse número diminuiu para exatas 1.498 cervejarias a matar a sede do trabalhador americano. A diminuição deveu-se à vantagem experimentada pelas cervejarias maiores que, adicionando milho e arroz a suas cervejas e diminuindo-lhes o custo e o preço final, competiam deslealmente com as artesanais puro-sangue, que só usavam maltes. Embora essa guerra fratricida deixasse mortos e feridos, a verdadeira catástrofe para a cervejaria americana viria anos mais tarde.

No dia 16 de janeiro de 1919, foi ratificada a Décima Oitava Emenda à Constituição dos Estados Unidos, popularmente conhecida como Lei Seca, a qual proibia a fabricação, venda, importação, exportação e transporte de bebidas alcoólicas em todo o país. A Lei já vinha sendo maturada muitos anos antes por entidades de nomes assustadores como Liga Anti-Saloon, União das Mulheres Cristãs pela Temperança e, por fim, o Partido da Proibição. Essas associações eram financiadas por igrejas protestantes evangélicas como a metodista, a batista, a presbiteriana e a congregacionista, cujos discípulos invadiam os pubs brandindo Bíblias e esconjurando quem estivesse por ali bebendo o que quer que fosse, incluindo a cerveja, em nome da moral, dos bons costumes e da preservação da família.

Com as baixas ocorridas durante a Primeira Guerra Mundial, a qual tinha recém-findado em 1918, o sentimento antigermânico no ar tornou-se mais um combustível para a Lei Seca: quem tivesse perdido um marido ou parente no conflito queria se vingar dos alemães na pele dos seus descendentes e imigrantes em solo americano. E, além de alemães, esses imigrantes ainda tinham o desplante de fazer cerveja! Deu no que deu.

Desde o início do chamado Movimento da Temperança, e por causa dele, muitas cervejarias menores já tinham sido fechadas, cedendo às pressões das carolas proibicionistas. Com o advento da Lei Seca, porém, não havia mais saída aos cervejeiros americanos. Quase todas as cervejarias desapareceram do mapa no país, do Atlântico ao Pacífico. Apenas algumas, as maiores, puderam evitar a bancarrota completa fabricando bebidas não alcoólicas à base de malte, refrigerantes e sorvetes. Outros empresários ligados à cerveja tinham negócios paralelos e puderam

Proibicionismo americano: a cerveja sendo inutilizada na promulgação da Lei Seca (1919).

Barris de cerveja sendo carregados em barcaça na cervejaria Marston's, Burton Upon Trent, Inglaterra.

manter seus parques fabris, a exemplo do milionário Jacob Ruppert, que era também dono do time de beisebol New York Yankees.

Havia exatas 1.179 cervejarias nos Estados Unidos quando a Lei Seca foi proclamada. Quando a norma foi finalmente revogada, em 1935, graças à sua impopularidade causada pela Grande Depressão, já não havia muita coisa para salvar: sobraram apenas 703 delas.

Embora a defenestração da Lei Seca permitisse, após décadas, que os fabricantes de cerveja continuassem a praticar legalmente sua arte, graças ao intrincado sistema legislativo americano, muitos estados ainda continuavam *secos*, obra da necessária ratificação da emenda que revogava a lei. Muitos estados atrasaram-se anos na implementação dessa medida burocrática, atrasando, por consequência, o ressurgimento da indústria cervejeira nos Estados Unidos. Além disso, o movimento proibicionista ainda estava bastante forte nessa época, mantendo ativas as vozes da Temperança e arrebanhando ainda grande número de seguidores dispostos a continuar a vociferar contra o álcool nos *saloons*.

ESCOLAS CERVEJEIRAS

Antes dos cervejeiros poderem se restabelecer, irrompeu a Segunda Guerra Mundial. O conflito inibiu o ressurgimento das cervejarias menores, já que a ordem era racionar o abastecimento de grãos. Isso forçou ainda mais os grandes cervejeiros a usar adjuntos como milho e arroz lado a lado com a cevada. Nem assim os proibicionistas sossegaram: congressistas da Temperança bradavam no Congresso que a simples existência de cervejarias era um desperdício de espaço, grãos e combustível, os quais poderiam ser mais bem utilizados no esforço de guerra. Caso Hitler vencesse o conflito, não faltariam carolas a rosnar que a culpa da derrocada americana era da cerveja — esquecendo-se convenientemente da milenar tradição cervejeira alemã.

Toda essa pressão fez com que praticamente apenas as grandes cervejarias, como Anheuser-Busch (fabricante do rótulo Budweiser), Miller e Coors, resistissem em solo americano. Essas empresas contavam com imensas estruturas de distribuição por todo o país, fator determinante para fortalecerem-se ainda mais no período pós-guerra.

Proibicionismo americano: a cerveja sendo inutilizada na promulgação da Lei Seca (1919).

135

Fabricando cervejas Lager lotadas de adjuntos (milho e arroz), o que barateava suas brejas, quase sempre iguais, ralinhas e com poucos atributos, essas companhias dominaram completamente o mercado de cervejas do Tio Sam, domínio que resiste até os dias de hoje. No início da década de 1970, apenas 44 cervejarias estavam consolidadas no país, e os analistas de Wall Street previam que muito em breve esse número estaria reduzido a apenas cinco. Era a consolidação das cervejas *Standard American Lager*, hoje de longe o estilo mais consumido tanto nos Estados Unidos quanto no mundo inteiro.

O império das cervejas pálidas, uniformes, insossas e carentes de aromas e sabores perdura até hoje, mas um fato de 1978 vem provocando consequências interessantíssimas e definindo a verdadeira cara da escola cervejeira americana.

Em outubro daquele ano, o então presidente Jimmy Carter articulou para que o Congresso americano aprovasse uma emenda que revogava uma antiga e absurda proibição: a partir daquele momento, era permitida a fabricação de cerveja caseira em solo gringo. Enfim, os cervejeiros caseiros — ou *homebrewers* — surgiram das sombras, sedentos e prenhes da criatividade que havia tantos anos lhes era negada. Era o início do movimento cervejeiro que mais cresce em todo o mundo: o das cervejas artesanais.

Vários cervejeiros de quintal, inspirados nas três escolas cervejeiras europeias, animaram-se a profissionalizar o que era apenas um passatempo e elaborar suas brejas em maior escala, no que começaram a pipocar as primeiras microcervejarias. Vinicultores dos vales do Napa e Sonoma que retornavam de viagem à Europa perceberam como as cervejas poderiam ser muito mais do que as aguadas Standard American Lager, e alguns também resolveram pôr mãos à obra.

O primeiro desses malucos foi Fritz Maytag, descendente de uma família que possuía uma fábrica de máquinas de lavar roupas. Já em 1965, quando todas as pequenas cervejarias americanas estavam desaparecendo, ele adquiriu a antiga companhia Anchor Brewing, de São Francisco, a fim de elaborar cervejas diferentes das estandardizadas de então. O ano de 1976 é até hoje considerado por muitos historiadores de cervejas como o verdadeiro início da "revolução" artesanal, que se iniciou com a fundação da New Albion Brewery, em Sonoma, Califórnia,

ESCOLAS CERVEJEIRAS

obra de um *homebrewer*. Inspirados pela New Albion, já naquele mesmo ano, centenas de cervejeiros caseiros animaram-se a investir e estabelecer suas próprias pequenas companhias. Era o início do "renascimento" da cultura da cerveja americana.

Os anos 1980 marcaram a década de multiplicação das pioneiras cervejarias artesanais nos Estados Unidos. Enquanto os analistas financeiros engravatados recusavam-se a reconhecer a existência e seriedade dessas pequenas companhias, a qualidade das cervejas produzidas por esses bravos vinha se aprimorando rapidamente ao longo dos anos, conquistando cada vez mais os corações e mentes de mais e mais comunidades americanas, as quais compartilhavam com os cervejeiros o sentimento quase clubístico de paixão pelo produto local. O lema *Support Your Local Brewery* (apoie a cervejaria da sua comunidade) passou a ser cada vez mais respeitado. À maneira dos

137

alemães, os americanos também estão se apaixonando cada vez mais pela cervejaria das suas próprias cidades, as "suas" cervejarias.

A moda, felizmente, pegou. Com consumidores cada vez mais conectados às cervejarias que enfim lhe oferecem cervejas com gosto de cerveja, o setor vem experimentando ano após ano um crescimento para lá de animador. Em 2010, a Brewers Association (associação que congrega os cervejeiros artesanais do país) estimou que havia mais de 1.700 estabelecimentos imbuídos dessa filosofia, entre pequenas e médias cervejarias e *brewpubs* — bares onde se fabrica cerveja —, mais do que existiam antes da Lei Seca e em número superior dos que existem hoje na Alemanha. No mesmo ano, as cervejarias artesanais produziam cerca de 5% de todas as cervejas consumidas em solo americano e representavam a parcela de negócios que mais crescia entre os produtores de bebidas alcoólicas — até mesmo entre as *big players* com milho e arroz. Como se sabe, o movimento se espalhou para o resto do mundo. Hoje há cervejeiros artesanais na Ásia, Austrália e até mesmo na Europa. Na América do Sul e no Brasil em particular, o movimento cresce a cada momento.

O que diferencia a nova escola cervejeira americana das demais escolas tradicionais europeias? Além desse contagiante entusiasmo e das cervejas ditas "extremas", das quais falei no início deste texto, os americanos são notórios em experimentações. E o fazem com um preciosismo encantador, misturando não apenas ingredientes inusitados, mas combinando também *estilos* diferentes.

Obstinados, os americanos vêm também desenvolvendo lúpulos de varietais próprias e exclusivas, além de técnicas cervejeiras pioneiras, tudo contribuindo para imprimir um caráter todo particular às suas cervejas.

Como você pode entender melhor lendo o capítulo "Estilos", essa diversidade advinda da experimentação e da obstinação é a mola propulsora de toda uma escola cervejeira nascente. Nunca houve um melhor momento ou lugar para experimentar cervejas diferentes do que agora nos Estados Unidos.

ESTILOS

Imagine-se o leitor em visita àquele restaurante que há tempos queria experimentar. Após acomodar-se, chega o *maître*, pimpão, a lhe oferecer o menu. Ao abrir a carta, vem a surpresa: só há... arroz! Da entrada, passando pelos pratos principais, guarnições e sobremesas, por páginas a fio, só arroz, e nada mais. Ante a pergunta a respeito da monotonia de opções, o *maître* não entende a razão pela qual você está assim tão surpreso. Afinal, todo mundo está acostumado há anos a só pedir... arroz, ora!

A cena, embora surreal, se transportada para o mundo das cervejas, transmuta-se em realidade, pelo menos deste lado do Equador. Há décadas o brasileiro está habituado a aceitar passivamente que apenas uma variedade de cerveja é possível: a "tipo Pilsen", aquela "loira gelada" do boteco, a ser bebida despreocupadamente e com imensas doses de desatenção. Para uns e outros, nem mesmo importa a marca, é "tudo igual" mesmo... É a "cerveja arroz".

Numa das palestras que ministro, tenho especial prazer em fazer uma brincadeira com a plateia. Inicio falando que, até agora, a imensa maioria dos ali presentes tem na cabeça uma única ideia do que seja *cerveja*. E, em seguida, exibo um *slide* no qual consta a seguinte figura e inscrição:

Sigo falando que a massa de brasileiros, até agora, sempre imaginou que só esse tipo de cerveja fosse possível no mundo. Nos papos de bar Brasil afora, aliás, ainda se confundem estilos com rótulos; discute-se qual cerveja é a melhor, se a Brahma, a Antarctica, a Skol e outras brejas industriais do mesmo estilo e faixa de preço. No máximo, tem-se na cabeça que cervejas se diferenciam entre *claras* ou *escuras*.

Dando prosseguimento a essa constatação, exibo o *slide* que reproduzo aí embaixo. E convido as pessoas a encontrarem nele a inscrição "Pilsener" que acabaram de ver no anterior. Em geral, após uma busca que pode demorar alguns minutos, alguém aponta o dedo para a caixinha do estilo.

Essa foi a forma que encontrei para demonstrar às pessoas a imensa variedade de estilos de cerveja existentes — e que, caso elas ainda fiquem só na "tipo Pilsen", estarão perdendo tempo na vida ao se privarem de experimentar todo o resto.

A imagem da página 46 nem de longe reproduz fielmente a quantidade de estilos existentes no imenso mundo cervejeiro. Mas dá uma boa ideia da complexidade — e também, claro, do prazer — que esse vasto mundo pode proporcionar.

A ótima notícia é que, embora o Brasil esteja um tanto atrasado em relação a outros países, esse árido cenário cervejeiro nacional vem mudando a galope, em surda revolução. A cada minuto, mais e mais consumidores brasileiros se dão conta de que existem mais de uma centena de estilos diferentes no panteão da variedade de cervejas.

Desde a Idade Média, faz-se na Europa brejas com os mais diversos e imagináveis ingredientes além do malte de cevada. Há cervejas com café, mel, cereja, framboesa, limão, abóbora, mandioca, gengibre, chocolate. Os métodos de fabricação mais diferentões incluem maturação em barris de carvalho, fermentações espontâneas com leveduras selvagens ou até mesmo "remuages" e "degorgèes" próprios da elaboração dos grandes vinhos. Até mesmo a velha classificação "cerveja clara" ou "cerveja escura" já há muito caiu em franca decadência, dada a imensa variedade de coloração dos diferentes estilos do líquido. Assim, a velha "loira" pode hoje também ser ruiva, vermelha, ocre, rósea, branca como leite ou até mesmo verde como a relva, com milhões de aromas, sabores e texturas diferentes. *Vive la différence*!

ESTILOS

A exemplo do que ocorreu com o vinho há alguns anos, o despertar do brasileiro acerca das cervejas ditas "especiais" vem crescendo exponencialmente a reboque das importações cada vez mais numerosas. Nota-se, ainda, uma explosão de microcervejarias artesanais em solo nacional, elaborando cervejas nobres, muitas das quais nada deixam a desejar em relação às melhores europeias e norte-americanas.

Ora, direis, e os preços? A regra geral, que vale para tudo — incluindo a cerveja — é que melhor qualidade implica maior preço. Todavia, basta ter um pouco mais de discernimento para descobrir ótimas cervejas por valores surpreendentemente baixos, beirando mesmo os preços das brejas "premium" industriais. Com o perdão do clichê, há cervejas para todos os bolsos. Essa verdadeira revolução de costumes gastronômicos dos brasileiros já se faz sentir nas gôndolas dos supermercados e empórios, além de em bares e restaurantes mais antenados.

Cada tipo de cerveja tem o seu momento adequado — mesmo a velha "tipo Pilsen" do boteco. A propaganda das grandes cervejarias ainda vai continuar abastecendo as mentes nacionais com a ideia marginalizada da cerveja para ser consumida em grandes quantidades e ao ponto do congelamento. Entretanto, a silenciosa, porém contínua, mudança de hábitos de consumo dos brasileiros está aí, e não adianta ignorá-la. Cada vez mais pessoas se dão conta da miríade de opções existentes de sabores das cervejas, e a curiosidade move o mercado. Pela primeira vez, não há apenas arroz no cardápio.

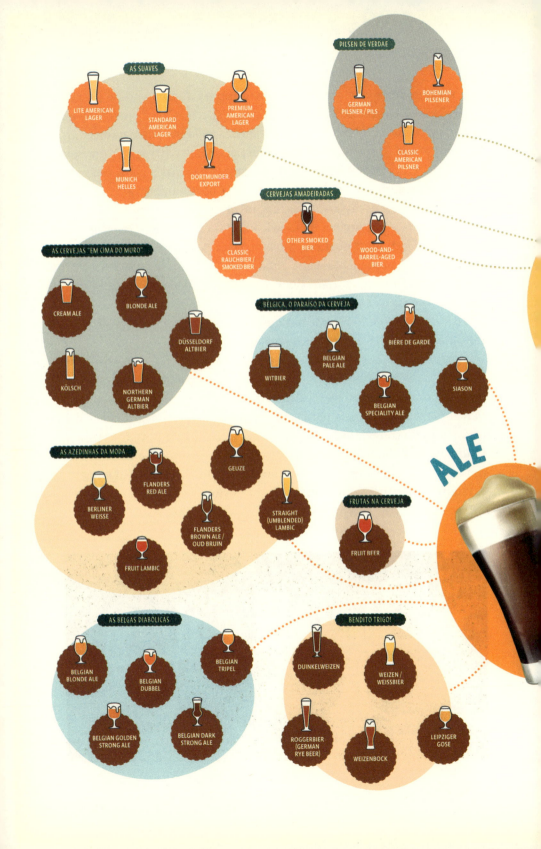

A HISTÓRIA DOS ESTILOS DE CERVEJA

Embora para alguns a diferenciação de cervejas em estilos pareça uma prática recente, a história nos mostra o contrário. Desde que dotados de consciência lógica, os humanos, instintivamente, sempre tiveram a necessidade de diferenciar padrões de classificação. Assim, desde tempos imemoriais, precisávamos saber a diferença de padrão a distinguir um cão de um antílope. E hoje, sentimos necessidade de saber se o astro Plutão é, de fato, um planeta, ou não passa de uma rocha gelada solta no espaço.

Descobertas arqueológicas realizadas nas ruínas de Ur, na antiga Mesopotâmia, uma das primeiras cidades fundadas pelo homem, dão conta de um achado espetacular do ponto de vista cervejeiro: no chamado Tablete Aulu — que consiste numa espécie de "fórmula" para se fazer uma boa cerveja, em escrita cuneiforme — consta evidência de que há mais de 4 mil anos já existia pelo menos dois diferentes tipos de cerveja. Quinhentos anos mais tarde, na cidade de Attusa — localizada onde hoje é a Turquia —, constatou-se que os hititas elaboravam cerca de quinze estilos diversos de brejas.

Nos tempos do Império Romano, o historiador Plínio, o Velho, referindo-se aos povos então chamados "bárbaros", escreveu que se fazia cerveja "na Gália e na Espanha, em um número de maneiras diferentes, e sob diversos nomes diferentes, embora o princípio seja o mesmo". Como já contei neste livro, mais tarde, na Idade Média, com o começo da disseminação do lúpulo como aromatizante, conviviam as cervejas com *gruit* e com lúpulo, visceralmente distintas entre si. E, conforme foram florescendo as escolas cervejeiras, mais as cervejas foram se diferenciando.

Sob qualquer ponto de vista, temos de ter em mente que as cervejas foram se diferenciando de forma *espontânea* no mundo ao longo da História. Os estilos surgiram por si mesmos. Suas *descrições* foram feitas muito depois de os estilos já estarem criados e estabelecidos.

Foi então que *ele* surgiu. Foi um rei em seu tempo, e a contribuição que deu à sua área de atuação foi decisiva, marcando um *antes* e um *depois*. Até falecer na década de 2000, teve enorme fama e sucesso em seu círculo, sendo considerado um *popstar*. Seu nome era Michael Jackson. Não, não se trata do cantor e dançarino de *moonwalk*. Michael Jackson, homônimo do artista, nasceu na Lituânia e, ainda pequeno, mudou-se com seus pais para a Inglaterra, onde se tornou jornalista. Foi o maior escritor de cervejas que o mundo já teve.

Em 1977, Jackson publicou o livro *The World Guide to Beer*. Nesta obra fundamental, pela primeira vez se categorizava e descrevia, de maneira ordenada, a maioria dos estilos de cerveja até então criados. O mais interessante — e inovador — era que Jackson separava os estilos a partir de vários parâmetros predefinidos, como o tipo de fermentação, cultura local de criação, ingredientes, aparência, aroma, sabor, paladar, potência alcoólica, amargor etc.

Michael Jackson foi autor de diversas outras obras importantíssimas para a cultura cervejeira — incluindo a redescoberta das cervejas belgas, até então relegadas a poucos *connoisseurs*. Contudo, *The World Guide to Beer* foi revolucionário e um divisor de águas. Foi muito por causa dele que as cervejarias artesanais americanas começaram a surgir e a ter fôlego para se desenvolver recriando cervejas a partir dos estilos ali descritos.

Em 1979, a então recém-criada Brewers Association (associação de cervejeiros artesanais dos Estados Unidos) inspirou-se na obra de Jackson para criar um guia de estilos a fim de balizar o julgamento de cervejas em concursos profissionais. O guia da associação cervejeira é atualizado anualmente e é empregado para determinar parâmetros nos dois grandes concursos americanos de cervejas, a World Beer Cup — esse, talvez, o maior e mais importante concurso do planeta — e o Great American Beer Festival. Tanto no Brasil quanto no resto do mundo, o guia de estilos da Brewers Association é utilizado em reconhecidos meios de ensino cervejeiro, como no curso de formação de *sommelier* de cervejas da Doemens Akademie (Alemanha).

Michael Jackson, o maior jornalista que abordou o mundo da cerveja.

Já em 1985, a AHA — American Homebrewers Association [associação americana de cervejeiros caseiros] produziu um "filhote", o BJCP, Beer Judge Certification Program, um programa certificador de juízes de cerveja, o qual também elaborou a sua tábua de estilos. O guia BJCP, encontrado em <www.bjcp.org>, serve hoje não apenas para concursos de cervejeiros caseiros, mas também como ponto de partida para importantes campeonatos de cervejeiros profissionais. Aqui no Brasil, é com certeza o parâmetro mais largamente utilizado, tanto para cervejeiros caseiros quanto para a indústria cervejeira.

As descrições a seguir são uma mescla de apenas boa parte dos estilos contidos nos dois guias. Não pretendo "criar" outra tábua a partir deste livro, mas apenas apresentar ao leitor uma pálida ideia do vasto mundo cervejeiro cuja diversidade está encontrando à frente. E, se me permite aplicar-lhe uma "lição de casa", aí vai ela: tente encontrar e degustar cada cerveja listada. Só degustando responsavelmente, com moderação e muita atenção é que você vai poder não apenas entender, mas também *sentir* essas diferenças.

> Legenda: Ⓐ — Ale; Ⓛ — Lager.
> Obs: Por definição em ambos os guias, cervejas de fermentação espontânea são Ale (entenda sobre Ale, Lager e Lambic no capítulo 2, "Mitos e verdades").

Seleção de cervejas em um pub inglês.

ESTILOS

AS SUAVES

Light Lager são as cervejas mais populares, e também as mais vendidas e consumidas no mundo todo. É a popular "cerveja do boteco". Surgiram após o advento das Pilsner na República Tcheca, e ganharam o mundo após a Revolução Industrial, o que possibilitou que essa categoria de cervejas fosse elaborada com insumos mais baratos — muitas vezes arroz e milho — e com maior rendimento. São muitas vezes erroneamente confundidas com o estilo Pilsen. Foram elaboradas para refrescar e custar barato.

LITE AMERICAN LAGER L

Amarelo-pálidas, possuem suaves (às vezes imperceptíveis) notas de maltes e lúpulos. Para refrescar.

Exemplos: Brahma Fresh, Bud Light, Corona Light.

STANDARD AMERICAN LAGER L

Têm um pouco mais de teor alcoólico em comparação com as Lite American Lager. Sim, são essas as cervejas que você cresceu tomando. Possuem suaves aromas de malte e baixíssimo amargor. Também foram projetadas para refrescar.

Cerpa

Exemplos: as mais comuns no mundo — Brahma, Antarctica, Skol, Kaiser, Bohemia, Serramalte, Original, Polar, Glacial, Cintra, Crystal, Bavaria, Cerpa, Belco, Budweiser etc.

PREMIUM AMERICAN LAGER L

Maiores percepções de maltes e lúpulos, além de mais corpo em relação aos dois estilos anteriores.

Exemplos: Colorado Cauim, Bamberg Pilsen, Heineken, Stella Artois, Birra Moretti.

MUNICH HELLES Ⓛ

Caráter de malte mais evidente, além de biscoito. Mais encorpadas, mas sem perder a refrescância. Um dos estilos mais consumidos na Alemanha.
Exemplos: Hofbräu Original, Weihenstephaner Original, Paulaner Premium Lager.

DORTMUNDER EXPORT Ⓛ

Mais encorpadas e com um pouco mais de álcool, possuem perfeito equilíbrio entre as percepções maltadas e lupuladas.
Exemplos: Abadessa Export, DAB Export, Tucher Übersee Export.

PILSEN DE VERDADE!

O estilo Pilsen foi produzido pela primeira vez na República Tcheca em 1842. Conta-se que os produtores buscavam um estilo de cerveja de coloração mais límpida e translúcida para ser servido nos novos cristais da região tcheca da Boêmia — as cervejas, até então, eram em sua maioria escuras e turvas, sempre servidas em recipientes de estanho ou cerâmica.

GERMAN PILSNER – PILS Ⓛ

Destaca-se por ser uma Pilsen mais leve, com predominância dos lúpulos alemães, geralmente da varietal Hallertau.
Exemplos: Abadessa Slava Pils, Krombacher Pils, Warsteiner, Oettinger Pils, Löwenbräu Pils.

BOHEMIAN PILSENER Ⓛ

Pilsen por excelência, a "invenção" do estilo. Caracteriza-se por presenças marcantes de maltes nobres e lúpulo da varietal tcheca Saaz.
Exemplos: Pilsner Urquell, 1795, Czechvar, Wäls Pilsen, Bamberg Camila Camila.

Pilsner Urquell

CLASSIC AMERICAN PILSNER (L)

Estilo criado antes da Lei Seca americana, é conhecido pelo seu maior teor de lúpulo.

Exemplo: Lagunitas Pilsner.

CERVEJAS ÂMBAR

As European Amber Lager são cervejas com maior teor de maltes levemente tostados, a ponto de estarem caramelizados.

VIENNA LAGER (L)

Leva esse nome em razão do tipo de malte, da variedade Vienna, mais caramelizado. Há também, em equilíbrio, boa dose de amargor do lúpulo.

Exemplo: Brooklyn Lager.

OKTOBERFEST OU MÄRZEN (L)

Brooklyn Lager

Cerveja produzida quando na Europa é primavera — daí o nome Märzen, "março" em alemão. Caracteriza-se pelo predomínio do malte levemente tostado e um maior teor alcoólico.

Exemplos: Paulaner Oktoberfest, Hofbräu Oktoberfest.

AS ANTIGAS "CERVEJAS PRETAS"

O estilo Dark Lager é um meio-termo entre os estilos Lager com maltes mais tostados — e, portanto, cervejas mais escuras — e as Bock, de teor alcoólico um pouco mais elevado.

DARK AMERICAN LAGER ⓛ

Assim como as Pilsners, são leves, porém com maltes mais escuros, o que confere característica aromática mais caramelizada.
Exemplos: 1795 Dark, Brahma Black.

MUNICH DUNKEL ⓛ

Dunkel significa "escura" em alemão. São cervejas com maltes mais torrados, conferindo aromas de nozes tostadas e toffee.
Exemplo: Löwenbräu Dunkel.

SCHWARZBIER OU BLACK BEER ⓛ

Distingue-se da Dunkel por conter maltes mais torrados em sua composição, com aromas que lembram café e chocolate.
Exemplos: Bamberg Schwarzbier, Falke Bier Ouro Preto, Bernard Dark.

Bamberg Schwarzbier

AS BOCK: A FORÇA DO BODE

Bock quer dizer "bode" em alemão, em alusão à maior força alcoólica dessas cervejas. O nome também pode ter se originado pela alusão ao signo de Capricórnio (aquele do bode), já que sua produção, historicamente feita no mês de outubro — mês desse signo no zodíaco no século XIV —, marcava o início do ano cervejeiro. São em geral mais escuras, com mais maltes torrados.

Produzidas originariamente na cidade alemã de Einbeck — por sinal, também uma das prováveis razões do nome do estilo —, passou a ser considerada uma cerveja bávara por causa de uma história curiosa. Desde o século XIV, a cidade de Einbeck já produzia uma cerveja escura de gruit, com maltes de cevada e trigo. Essa cerveja, da família Ale de fermentação, era também comercializada nas cidades da antiga Liga Hanseática (uma aliança entre cidades-Estado mercantis, uma espécie de mercado comum europeu daqueles tempos) com tanto sucesso que passou também a ser "exportada" para Munique. Com o tempo, a cerveja de Einbeck, mais alcoólica e aromática, passou a ser preferida pelos bávaros — especialmente a nobreza —, que a consumiam em vez das Lager típicas da região. Mas com um problema: eram muito caras.

A solução bávara à questão foi um golpe espetacular. Em 1617, um certo Elias Pichler, que ocupava o posto de mestre-cervejeiro da cidade de Einbeck, foi convidado pelo duque bávaro Maximiliano I a conhecer Munique. A lenda conta que, chegando a Munique, Pichler foi detido e mantido em gaiola de ouro no ducado. Sua obrigação: reproduzir na cervejaria real, a Hofbräuhaus, a cerveja que já elaborava em Einbeck. Sem saída, Pichler adaptou a receita original: em vez de uma Ale com gruit, elaborou uma Lager com lúpulo (esse ingrediente foi usado por causa da Reinheitsgebot, a Lei de Pureza da Cerveja). Nascia ali a moderna Bock.

Embora os guias de estilo a classifiquem como uma cerveja de fermentação Lager, há pelo menos uma grande representante das "Bocks-Ale" originais: a belga trapista La Trappe Bockbier — que, no entanto, não utiliza o gruit, e sim o lúpulo, como aromatizante. É comercializada no Brasil.

MAIBOCK/HELLES BOCK (L)

Versão menos escura e um pouco mais lupulada da tradicional Bock.
Exemplo: Hofbräu Maibock

TRADITIONAL BOCK (L)

Quase sempre escura por causa dos maltes mais tostados, possui alto teor alcoólico.
Exemplo: Bamberg Bock

DOPPELBOCK (L)

Bem mais alcoólicas, têm características fortemente maltadas. Mais recomendadas para consumir nos meses de inverno
Exemplos: Paulaner Salvator, Tucher Bajuvator

EISBOCK (L)

Muito alcoólicas, com predominância doce e maltada, algumas possuem toques de vinho do Porto e conhaque.
Exemplo: Eggenberg Urbock Dunkel Eisbock

Paulaner Salvator

CERVEJAS "AMADEIRADAS"

As brejas do grupo Smoke Flavored e Wood-and-Barrel-Aged Beer se utilizam da madeira para compor seus perfis aromáticos.

CLASSIC RAUCHBIER – SMOKED BEER (L)

Escuras, acastanhadas, são muito famosas por seus maltes defumados, que conferem à breja um inconfundível aroma de bacon.
Exemplos: Bamberg Rauchbier, Aecht Schlenkerla Rauchbier Märzen

ESTILOS

OTHER SMOKED BEER L A

Coloração escura e perfil aromático sempre ligado à madeira que foi utilizada em sua preparação.
Exemplos: Stone Smoked Porter, Schlenkerla Weizen Rauchbier

WOOD-AND-BARREL-AGED BEER L A

Cervejas sempre maturadas em barris de madeira, com perfis aromáticos variáveis, a depender do tipo de madeira do barril.
Exemplos: Great Divide Oak Aged Yeti Imperial Stout, Goose Island Bourbon County Stout

Schlenkerla Weizen

AS CERVEJAS "EM CIMA DO MURO"

As Hybrid Beers, ou cervejas híbridas, são assim chamadas porque são fermentadas com fermentos Ale e maturadas em temperaturas mais características das Lager.

CREAM ALE A

Claras, levemente adocicadas e mais frisantes.
Exemplos: Wexford Irish Cream Ale, Genesee Cream Ale

BLONDE ALE A

Clara, com predominância dos maltes. Refrescante.
Exemplo: St. Edmunds

KÖLSCH A

Natural da cidade alemã de Colônia, é clara, seca e levemente amarga.
Exemplos: Bamberg Kölsch, Früh Kölsch

Früh Kölsch

157

NORTHERN GERMAN ALTBIER Ⓐ

Cerveja típica da cidade de Düsseldorf. Possui caráter mais amargo de lúpulo.

Exemplo: DAB Original

DÜSSELDORF ALTBIER Ⓐ

Também originária da cidade alemã de Düsseldorf, é como a Northern German Altbier, porém com caráter lupulado mais evidente.

Exemplos: Bamberg Alt, Diebels Alt

Diebels Alt

ALGO DE NOVO NO REINO DA INGLATERRA

Nos pubs e nos paladares de todo o Reino Unido, o estilo English Pale Ale comanda. Geralmente, estas cervejas possuem baixa carbonatação (pouca sensação frisante) e generosas cargas de lúpulo.

STANDARD/ORDINARY BITTER Ⓐ

A mais leve e menos alcoólica das chamadas Bitter Ale.

Exemplo: Greene King IPA

SPECIAL/BEST/PREMIUM BITTER Ⓐ

Mais alcoólica e com mais percepções de maltes e lúpulos do que a Standard Bitter.

Exemplos: Fuller's London Pride, Greene King Ruddles County Bitter

EXTRA SPECIAL/STRONG BITTER/ENGLISH PALE ALE Ⓐ

Intensa em relação ao caráter maltado e ao amargor dos lúpulos. Encorpada.

Exemplos: Fuller's ESB, Marston's Pedigree, Baden Baden 1999

London Pride

ESTILOS

CERVEJAS DE KILT

Na Escócia do século XIX, quanto maior o teor alcoólico de uma cerveja mais impostos se pagava por ela. O preço do barril era indicado no rótulo em shillings e seguia a seguinte lógica: cervejas com menor teor alcoólico tinham um preço menor; cervejas de maior teor alcoólico tinham preço maior. Mesmo depois de o shilling não ser mais usado, a nomenclatura tradicional perdurou.

Nessa categoria estão as Scottish e Irish Ale. Todas elas possuem uma característica comum: o caráter eminentemente maltado.

SCOTTISH LIGHT 60 SHILLING OU LIGHT 60/- Ⓐ

A cerveja mais leve dentre os estilos escoceses, tem coloração acobreada e dulçor característico.

Exemplos: Belhaven 60/-, McEwan's 60/-

SCOTTISH HEAVY 70 SHILLING OU HEAVY 70/- Ⓐ

Médio dulçor e coloração acastanhada. Corpo médio.

Exemplos: Tennents Special

SCOTTISH EXPORT 80 SHILLING OU EXPORT 80/- Ⓐ

Mais alcoólico e amargo de todos os estilos "Scottish". Coloração âmbar.

Exemplos: Orkney Dark Island, Caledonian 80/-

Orkney Dark Island

IRISH RED ALE Ⓐ

Em geral, suave e fácil de beber, possui coloração puxada ao âmbar-avermelhado e características doces provenientes dos maltes.

Exemplos: Kilkenny Irish Beer, Beamish Red Ale

STRONG SCOTCH ALE Ⓐ

Também chamada "Wee Heavy", é a mais alcoólica das cervejas escocesas. Possui caráter maltado.

Exemplos: Bodebrown Wee Heavy, Traquair House Ale, Belhaven Wee Heavy, McEwan's Scotch Ale

AS CERVEJAS INGLESAS ESCURINHAS

Mantendo o caráter tradicionalista inglês, as cervejas do estilo English Brown Ale são elaboradas com maltes mais tostados — o que as fazem ser mais escuras, daí o nome — e cheias de personalidade.

MILD ALE Ⓐ

Coloração marrom e aromas e sabores maltados (caramelados).

Exemplo: Greene King XX Mild

SOUTHERN ENGLISH BROWN ALE Ⓐ

Coloração marrom e aromas e sabores com toques caramelados e toffee.

Exemplos: Harvey's Nut Brown Ale, Woodforde's Norfolk Nog

NORTHERN ENGLISH BROWN ALE Ⓐ

Sabores e aromas maltados tostados que remetem a café e caramelo.

Exemplos: Newcastle Brown Ale, Samuel Smith's Nut Brown Ale

Newcastle Brown Ale

ESTILOS

A CERVEJA DOS TRABALHADORES

Porter significa "carregador" em inglês. Conta-se que o estilo Porter foi criado em 1722 por um certo Ralph Harwood, proprietário de uma antiga cervejaria que ficava no bairro operário londrino de Shoreditch. Harwood criou uma cerveja substanciosa, encorpada e nutritiva, feita sob medida para "alimentar" os carregadores que ali viviam, homens fortes, que eram responsáveis por levar literalmente nas costas os produtos que abasteciam os mercados públicos da cidade.

BROWN PORTER A

Coloração marrom-escura, mas mais adocicada que os outros estilos de Porter.

Exemplos: Fuller's London Porter, Samuel Smith Taddy Porter

ROBUST PORTER A

São extremamente encorpadas, de coloração escura e creme denso, persistente e consistente. Os maltes tostados lembram café e chocolate.

Samuel Smith Taddy Porter

Exemplos: Meantime London Porter, Anchor Porter, Smuttynose Robust Porter, Sierra Nevada Porter

BALTIC PORTER A

Este estilo floresceu nos países banhados pelo Mar Báltico, no norte europeu. São cervejas mais alcoólicas e menos encorpadas.

Exemplos: Utenos Porter (Lituânia), Stepan Razin Porter (Rússia), Nøgne Ø Porter (Noruega)

Nøgne Ø Porter

161

STOUT

O grupo das cervejas Stout deriva das Porter. Hoje, graças à famosa irlandesa Guinness, é um dos estilos mais consumidos no mundo. Muito do amargor das Stout, especialmente a Dry, vem dos maltes tostados com que é elaborada — razão pela qual sua coloração é sempre preta e opaca.

DRY STOUT (A)

Quase sem carbonatação, são amargas, secas e escuras; lembram café e chocolate.
Exemplo clássico universal: Guinness

Guinness

SWEET STOUT OU CREAM STOUT (A)

São como as Dry Stout, mas geralmente com adição de açúcar para torná-las mais doces.
Exemplos: Caracu, Marston's Oyster Stout

OATMEAL STOUT (A)

Uma Stout que leva em sua composição aveia para deixá-la muito mais encorpada.
Exemplos: Samuel Smith Oatmeal Stout, Young's Oatmeal Stout

FOREIGN EXTRA STOUT (A)

Uma Stout com maior teor alcoólico.
Exemplo: Guinness Foreign Extra Stout

Samuel Smith Oatmeal Stout

RUSSIAN IMPERIAL STOUT (A)

Stout muito mais alcoólica e lupulada. Originalmente, foi elaborada no século XVI na Inglaterra para agradar a corte do czar russo.
Exemplo: Samuel Smith's Imperial Stout.

ESTILOS

UMA CERVEJA DAS ÍNDIAS

As cervejas do grupo de estilos India Pale Ale foram originalmente elaboradas, segundo a versão "oficial", para servir à soldadesca britânica na época da dominação inglesa na Índia. Uma vez que o lúpulo tem poder bacteriostático (não deixa que as bactérias na cerveja se reproduzam), ao colocar mais desse ingrediente na cerveja, ela poderia ser levada da Inglaterra à Índia, chegando com menos chances de contaminação. Daí o nome.

ENGLISH IPA Ⓐ

Coloração âmbar e toques generosos de maltes levemente tostados. Característica frutada, mas com aromas, sabores e amargores dos lúpulos bem evidentes.
Exemplos: Meantime London IPA, Brooklyn East IPA

Meantime London IPA

BENDITO TRIGO!

As chamadas Weissbier e suas variações são as cervejas de trigo típicas do sul da Alemanha. Em geral, possuem notas frutadas e condimentadas, acidez pronunciada e alta carbonatação, o que as faz leves, refrescantes e fáceis de beber. Pelo menos 50% dessas cervejas têm de ter maltes de trigo em sua formulação.

As cervejas de trigo surgiram com os sumérios há mais de 6 mil anos, mas foi entre os séculos XII e XIII que se popularizaram na Baviera. Hoje as Weissbier são as brejas mais consumidas na Alemanha, e por lá costumam ser degustadas no café da manhã dos bávaros. Não acredita? Eu mesmo presenciei o hábito numa manhã gelada em Munique. Parece estranho, mas não deveria; cervejas são alimento, certo?

WEIZEN OU WEISSBIER

Amarelas e turvas, às vezes com sedimentos no copo, creme branco muito denso e persistente aroma frutado (banana e cravo).

Exemplos: Bamberg Weiss, Eisenbahn Weizenbier, Abadessa Hildegard von Bingen, Weihenstephaner Hefe-Weissbier, Schneider Weisse Weizen-Hell, Paulaner Weissibier, Hacker-Pschorr Weissbier

Paulaner Weissbier

DUNKELWEIZEN Ⓐ

Cervejas de trigo com adição de maltes mais tostados em sua formulação, deixando uma coloração mais escura.

Exemplos: Weihenstephaner Hefe-Weissbier Dunkel, Erdinger Weissbier Dunkel

WEIZENBOCK Ⓐ

Cervejas de trigo com mais teor alcoólico. Geralmente levam maltes tostados, deixando o perfil aromático com sugestões de café e chocolate.

Exemplos: Schneider Aventinus, Schneider Aventinus Eisbock

Schneider Aventinus

ROGGERBIER (GERMAN RYE BEER) Ⓐ

Teve origem em Reggensburg, na Baviera, sul da Alemanha. Amarelo-pálida, creme muito denso e consistente, geralmente é mais adocicada e menos frutada que as demais cervejas de trigo.

Exemplos: Paulaner Roggen, Bürgerbräu Wolnzacher Roggenbier

LEIPZIG GOSE Ⓐ

Estilo quase esquecido até mesmo na Alemanha, mas com particularidades únicas e uma história para lá de interessante. O sabor da breja é salgado, e não por acaso: a ela é adicionada uma quantidade de sal. Ao mesmo tempo, é também azedo, obra da adição de bactérias lácticas após a fervura do mosto. Os aromas e amargores do lúpulo são pouco perceptíveis. É elaborada com pelo menos 50% de malte de trigo e não é filtrada. Seu teor alcoólico varia entre 4% e 5% ABV.

Há ainda quem goste de misturar a breja a doses de kümmel, uma aguardente de cominho. Foi elaborada pela primeira vez em Goslar, pequena cidade do norte da Alemanha mais famosa por ter sido, em 1123, o lar do imperador Frederico I, o Barba Ruiva, e ainda ostentar a maior concentração de casas antigas em estilo enxaimel do país.

Foi lá que, a partir do seu nome, no século XVIII a Gose espalhou sua popularidade também à vizinha Leipzig onde, até o final dos anos 1800, foram fundadas várias cervejarias. Diz-se que o escritor Goethe, em suas visitas à cidade, esbaldava-se da breja. Inicialmente, a Gose (não confundir com Gueuze, outro estilo de cervejas não menos "esquisito") era fermentada espontaneamente, com leveduras selvagens trazidas pelo ar, a exemplo das Lambic belgas. Já no século XIX, esse método foi abandonado com o uso de fermentos e bactérias lácticas na intenção de produzir o mesmo efeito. Por utilizar o sal e o coentro em sua receita, a Gose é uma das poucas brejas alemãs a não seguir a Lei de Pureza da Baviera (Reinheitsgebot), uma vez que é considerada uma "especialidade regional". Até a eclosão da Segunda Guerra Mundial, a cervejaria Rittergutsbrauerei, na cidade de Dölnitz, era a única ainda em funcionamento a produzir a breja. Quando, em 1945, a cervejaria foi nacionalizada e fechada, a Gose desapareceu do mapa.

Engarrafamento de gose na adega de "Ohne Bedenken", no início do século XX.

Nos anos seguintes, o estilo ainda ensaiou algumas aparições na Alemanha, mas sem emplacar. Foi somente em 1980 que um certo Lothar Goldhahn, que estava restaurando um antigo gosenschenke (bar especializado em servir a Gose), decidiu reviver a variedade. Começou então a procurar, inicialmente sem sucesso, por cervejarias da região que se dispusessem a fabricar o estilo esquecido. Graças a Lothar, hoje há três cervejarias que ainda produzem a Gose. Uma delas, a Brauhaus Goslar, ainda funciona, modesta e artesanalmente, na pequena e linda Goslar, onde tudo começou.

Exemplo: Leipziger Gose Spezialität

Leipziger Gose Spezialität

BÉLGICA, O PARAÍSO DA CERVEJA!

Se há um Éden cervejeiro na Terra, definitivamente esse lugar é a Bélgica e as regiões próximas a ela, já nos territórios francês e holandês. Ali floresceram durante séculos cervejas muito clássicas, famosas no mundo todo. Os belgas têm o mesmo respeito com suas cervejas que os franceses dispensam para com os seus vinhos.

WITBIER Ⓐ

É a cerveja de trigo belga, com adição de cascas de laranja e sementes de coentro em sua formulação. Muito refrescante. Na Bélgica, há uma irritante mania local de servi-las com uma rodela de laranja boiando, não importando o quanto você implore para não ser presenteado com o mimo.

Exemplos: Hoegaarden Wit, St. Bernardus Blanche, Blanche de Bruxelles

Blanche de Bruxelles

BELGIAN PALE ALE Ⓐ

Características (sabor, aparência e composição): com predominância dos maltes levemente caramelizados, possuem caráter frutado.

Exemplos: De Koninck, SpeciAle Palm

ESTILOS

BIÈRE DE GARDE Ⓐ

Em geral, têm caráter maltado, são mais adocicadas e possuem pouco amargor de lúpulo. São assim chamadas porque, antes do advento da refrigeração artificial, eram originalmente elaboradas no inverno para serem "guardadas" e servidas no verão. Embora o nome do estilo sugira que podem ser armazenadas, não é, definitivamente, o caso; prefira consumi-las enquanto jovens.

Exemplos: Jenlain (âmbar), Jenlain Bière de Printemps (dourada), Saint Sylvestre 3 Monts

SAISON Ⓐ

São originárias da Valônia, sul da Bélgica, onde se fala francês. Assim como as Bière de Garde, eram fabricadas nos meses mais frios — o que possibilitava a sua correta fermentação — e provisionadas para o resto do ano. Ambos os estilos compartilham a mesma herança cultural e histórica, todavia as Saison se diferem das Bière de Garde porque tendem a ostentar maior caráter lupulado e a ser mais secas.

Exemplos: Saison Dupont Vieille Provision

Saison Dupont

BELGIAN SPECIALTY Ⓐ

Enquadram-se nessa categoria Quadruppel, Barley Wines etc.

Exemplos: Orval, La Chouffe, Gouden Carolus Noël, De Ranke XX Bitter, Verboden Vrucht, Lindemans Kriek

AS AZEDINHAS DA MODA

Sour quer dizer "azedo", o que significa que são cervejas muito mais ácidas ao paladar. Geralmente utilizam o processo de fermentação espontânea, no qual os fermentos não são inoculados na cerveja pelas mãos humanas (também chamada de fermentação selvagem).

167

BERLINER WEISSE ⓐ

Pálida, muito azeda, feita para ser servida com adição de suco ou xarope de frutas.
Exemplos: Berliner Kindl Weisse, Southampton Berliner Weisse

FLANDERS RED ALE ⓐ

Com toques vínicos e avinagrados, é envelhecida por anos em barris de carvalho.
Exemplos: Rodenbach Klassiek, Rodenbach Grand Cru, Bellegems Bruin, Duchesse de Bourgogne

Duchesse de Bourgogne

FLANDERS BROWN ALE/OUD BRUIN ⓐ

Possui características similares às das Flanders Red Ale, porém com maltes mais tostados, mais escura e com toques de café e chocolate.
Exemplos: Liefmans Goudenband, Liefmans Odnar

STRAIGHT (UMBLENDED) LAMBIC ⓐ

Azedas, avinagradas e sem amargor. São muito raras, encontradas apenas em algumas regiões perto de Bruxelas.
Exemplos: Cantillon Grand Cru Bruocsella, Drie Fonteinen, Lindemans

GUEUZE ⓐ

"Blend" ou mistura de Lambic nova com envelhecida em barris de carvalho.
Exemplos: Boon Oude Gueuze, Boon Oude Gueuze Mariage Parfait

Boon Oude Gueuze

FRUIT LAMBIC ⓐ

São Lambic com adição de frutas durante a maturação, para deixá-las menos azedas.
Exemplos: Boon Framboise Mariage Parfait, Boon Kriek Mariage Parfait, Boon Oude Kriek, Cantillon Fou' Foune (damasco), Cantillon Kriek

ESTILOS

AS BELGAS DIABÓLICAS

Grupo de cervejas desenvolvido durante séculos nas abadias católicas da Bélgica. São alcoólicas e de personalidade marcante.

BELGIAN BLOND ALE Ⓐ

Aqui no Brasil comumente chamadas de "cervejas de abadia". São douradas, alcoólicas e muito frutadas.
Exemplos: Leffe Blond, Affligem Blond, La Trappe Blond, Grimbergen Blond

Leffe Blond

BELGIAN DUBBEL Ⓐ

Coloração sempre acastanhada, creme denso e consistente. Aromas que vão de Porto a chocolate.
Exemplos: Westmalle Dubbel, St. Bernardus Pater 6, La Trappe Dubbel

BELGIAN TRIPEL Ⓐ

Douradas, sempre muito frutadas (frutas amarelas) e bastante alcoólicas.
Exemplos: Westmalle Tripel, St. Bernardus Tripel, Chimay Cinq Cents

Westmalle Tripel

BELGIAN GOLDEN STRONG ALE Ⓐ

Douradas, muito alcoólicas e sempre frutadas.
Exemplos: Duvel, Lucifer, Brigand, Judas, Delirium Tremens

BELGIAN DARK STRONG ALE Ⓐ

Para alguns, as melhores do mundo. Coloração rubi, muito complexas (madeira, Porto, ameixas etc.). Muito alcoólicas.
Exemplos: Westvleteren 12, Rochefort 10, St. Bernardus Abt 12, Chimay Bleue

Chimay Bleue

169

CERVEJA — UM GUIA ILUSTRADO

AS MAIS ALCOÓLICAS DO MUNDO

O grupo Strong Ale ostenta o "recorde" de ser o das cervejas mais fortes do reino cervejeiro quando o assunto é potência alcoólica.

OLD ALE Ⓐ

Geralmente são envelhecidas, às vezes durante anos, em barris de madeira. Muito alcoólicas e adocicadas.
Exemplos: Harviestoun Old Engine Oil, Fuller's Vintage Ale

Harviestoun Old Engine Oil

ENGLISH BARLEY WINE Ⓐ

Extremamente potentes, são os chamados "vinhos de cevada". Muito complexas em aromas e sabores.
Exemplos: Thomas Hardy's Ale, Fuller's Golden Pride

Thomas Hardy's Ale

FRUTAS NA CERVEJA

As Fruit Beers são brejas feitas à base de frutas e, por isso, refletem as cores e demais características da fruta que se coloca nelas.

Exemplo: Abita Purple Haze

TEMPEROS, VEGETAIS E ERVAS

São cervejas em cuja composição há adição de ervas e outros vegetais.

SPICE, HERB OU VEGETABLE BEER Ⓐ

Cervejas feitas com base em ervas e vegetais, que refletem as cores e demais características a depender da erva, especiaria ou outro vegetal que nela é colocada.

Exemplos: Traquair Jacobite Ale, cervejas de abóbora e de gengibre

CHRISTMAS/WINTER SPECIALTY SPICED BEER Ⓐ

A depender do cervejeiro. São cervejas natalinas que refletem em suas características os insumos escolhidos pelo cervejeiro.

Exemplos: Anchor Our Special Ale, Harpoon Winter Warmer, Weyerbacher Winter Ale

Anchor Our Special Ale

CERVEJAS DO TIO SAM

Quem disse que os cervejeiros caseiros não fazem história? O grupo de estilos American Ale nasceu graças às panelas deles, na costa oeste dos Estados Unidos, nas décadas de 1970 e 1980. Não adianta chiar: hoje, os *homebrewers* e cervejeiros artesanais americanos são os que mais inovam em criar estilos de cerveja no planeta.

171

AMERICAN PALE ALE Ⓐ

Pale Ale bem mais amarga e alcoólica. Coloração puxada para o âmbar.
Exemplos: Sierra Nevada Pale Ale, Stone Pale Ale

Sierra Nevada Pale Ale

AMERICAN INDIA PALE ALE Ⓐ

Distingue-se da English Pale Ale pelo seu caráter eminentemente mais lupulado, sendo ainda evidentes as diferenças sensoriais dos lúpulos de procedências diversas — os lúpulos americanos possuem notas florais, frutadas e cítricas muito mais pronunciadas que os ingleses.
Exemplos: Colorado Indica, Falke Estrada Real, Anderson Valley Hop Ottin'IPA, Dogfish Head 60 Minute IPA

AMERICAN INDIA BLACK ALE OU BLACK IPA Ⓐ

Trata-se de uma American India Pale Ale com maltes mais torrados, conferindo à breja, além do caráter evidente de lúpulo, notas distintas de caramelo e até mesmo de café e chocolate.
Exemplos: Rogue Shakespeare Stout, Deschutes Obsidian Stout, Sierra Nevada Stout

IMPERIAL OU DOUBLE INDIA PALE ALE Ⓐ

Inventadas pela mania americana de elaborar cervejas ditas "extremas", atendendo à demanda dos consumidores amantes de cervejas artesanais com muito mais caráter lupulado, essas brejas foram criadas justamente com a intenção de deixar os aromas, sabores e amargores dos lúpulos muito evidentes — e, justamente por causa disso, são mais alcoólicas. Algumas delas são consideradas as mais amargas do mundo. Não são indicadas para apreciadores novatos, e sim para aqueles que já estão familiarizados com o amargor.
Exemplos: Bodebrown Perigosa, BrewDog Hardcore IPA, Flying Dog Double Dog, Dogfish Head 120 Minutes IPA

Flying Dog Double Dog

AMERICAN AMBER ALE OU RED ALE Ⓐ

Aqui no Brasil e no exterior é mais conhecida como Red Ale. Coloração avermelhada e caráter mais maltado.
Exemplo: Anderson Valley Boont Amber Ale

Anderson Valley Boont Amber Ale

AMERICAN IMPERIAL OU DOUBLE RED ALE Ⓐ

Ainda inédita no Brasil, trata-se de uma Amber Ale (ou Red Ale) com notas mais marcantes de lúpulo, bem como são mais alcoólicas. Todavia, esses lúpulos devem estar em equilíbrio com os aromas e dulçores dos maltes levemente caramelados.
Exemplos: Southern Tier Big Red, Port Shark Attack Doublé Red

AMERICAN BROWN ALE Ⓐ

Coloração marrom devido ao caráter dos maltes mais tostados, bem como amargor mais evidente.
Exemplos: Brooklyn Brown Ale, Devassa Negra

AMERICAN STOUT Ⓐ

Stout que utiliza em sua formulação ingredientes regionais americanos, como lúpulos mais potentes.
Exemplos: Rogue Shakespeare Stout, Deschutes Obsidian Stout, Sierra Nevada Stout

Rogue Shakespeare Stout

AMERICAN IMPERIAL STOUT Ⓐ

De teores alcoólicos geralmente muito elevados, têm coloração negra sólida e são muito robustas e complexas. Como os demais estilos americanos "imperiais", as notas aromáticas e os amargores dos lúpulos são muito intensos. Os maltes torrados contrabalançam o conjunto, conferindo notas de café e chocolate.
Exemplos: Brewdog Paradox Isle of Arran, Three Floyd's Dark Lord, Bell's Expedition Stout, North Coast Old Rasputin Imperial Stout, Stone Imperial Stout, Samuel Smith Imperial Stout

AMERICAN IMPERIAL PORTER Ⓐ

Embora carregue consigo a pecha "imperial", é menos amarga em comparação à American Imperial Stout, e pode ter coloração escura menos sólida — como o marrom-escuro. Sua característica mais marcante é o equilíbrio do tostado dos maltes com as percepções lupuladas.
Exemplo: Flying Dog Gonzo Imperial Porter.

Flying Dog Gonzo Imperial Porter

AMERICAN BARLEY WINE Ⓐ

Versão americana das Barley Wine inglesas, essas levam mais lúpulos. Muito potentes e complexas.
Exemplos: Brooklyn Monster Ale, Sierra Nevada Bigfoot, Great Divide Old Ruffian, Victory Old Horizontal, Rogue Old Crustacean.

ESTILOS

ENTÃO A MINHA PILSEN NÃO É UMA PILSEN?

Dá para entender quem faz essa pergunta. Tanto no Brasil como na maior parte do mundo, criou-se a cultura que torna sinônimas duas palavras: cerveja e Pilsen. Estilo mais vendido no planeta, é especialmente no Brasil que a esmagadora maioria dos bebedores crê firmemente que cerveja (Pilsen, claro) tem de ser "leve", com quase nada de amargor, ideal apenas para ser tomada em grandes quantidades e ao ponto de congelamento.

Para início de conversa, é fundamental estabelecermos uma diferença basilar: a maioria das cervejas produzidas em massa, segundo os maiores guias de estilos de cerveja, NÃO é tecnicamente Pilsen, mas sim do estilo Standard American Lager. Segundo o guia BJCP, o que determina a diferença são vários fatores, sendo o nível de amargor talvez o mais marcante — uma Standard American Lager tem no máximo 15 IBU (*International Bitterness Unit*, a escala internacional do amargor da cerveja), e esse índice, numa verdadeira Pilsen, começa em 25 e vai até 45.

E qual o motivo de as cervejas de massa informarem nos rótulos que são do "tipo Pilsen"? Essa é outra discussão, mas o principal motivo é que a legislação brasileira é absolutamente obtusa em relação a estilos de cerveja, no que os fabricantes aproveitam para fazer a festa.

Na outra ponta da questão, o fato é que, por causa dessa massificação, o degustador que inicia sua jornada no maravilhoso mundo das brejas da família Ale — ou de alta fermentação — se depara com uma miríade de aromas, sabores e sensações bem mais intensas do que experimentava tomando uma breja que achava ser Pilsen.

Pudera. As Ale, em razão das suas matérias-primas e processo de elaboração, em geral são de fato mais saborosas e marcantes. Sem a merecida atenção e algum treino, o degustador iniciante corre o risco de considerar "aguada" a melhor das brejas Pilsen, unicamente porque seu modelo comparativo são as Ale. É muito comum o degustador novato, após travar contato com Ale — ou mesmo Lager — mais

aromáticas e assertivas, sentir-se "traído" pelas cervejas Pilsen. "Só eu que não consigo mais beber cerveja Pilsen?", perguntou certa vez um membro do fórum do site *Brejas*.

É apenas quando o paladar evolui mais um pouco que a justiça chega às Pilsen de estirpe. Citando uma experiência pessoal, a primeira vez que estive na República Tcheca e experimentei uma Pilsner Urquell — para muitos, a melhor Pilsen do mundo —, achei-a nada além de "uma Pilsen comum". Claro que a comparava, por aproximação, a uma Lager produzida em massa e, por diversidade, às Ale que vinha experimentando na Europa. Só depois de algum tempo foi que entendi como uma verdadeira Pilsen pode ser complexa, a despeito da sua suavidade característica. E então tive de rever — e puxar para cima — diversas notas injustamente baixas que havia dado no Ranking Brejas.

Uma vez li que, para testar de verdade a competência do pizzaiolo, sugere-se a ele que prepare a prosaica pizza de *mozzarella*, já que é na simplicidade que se afere o verdadeiro talento. Caso o sujeito não seja realmente bom, os defeitos da pizza ficarão mais evidentes. Por

ESTILOS

certo, é bem mais fácil desviar a atenção de uma massa sofrível com quilos de gorgonzola ou alho. No mesmo âmbito, tanto o cervejeiro caseiro menos pretensioso como o mestre-cervejeiro mais experiente concordam num ponto: fazer uma cerveja no estilo Pilsen realmente boa não é tarefa das mais fáceis. Isso porque se trata de uma breja bastante delicada. Suavidade e refrescância são requeridas, mas se espera que aliem tais características a aromas e sabores marcantes dos insumos que a compõem. E, uma vez que são suaves, quaisquer defeitos que porventura existam na breja são enormemente mais identificáveis do que na maioria dos outros estilos de cerveja. Não dá para mascarar Pilsen ruim, a não ser tomando-a "estupidamente" gelada...

Chegou a hora, portanto, de restituir o valor que as Pilsen de estirpe merecem. Quem há de negar-se ao prazer de sorver generosos goles das brejas tchecas — que deram origem ao estilo —, como a Czechvar, as Primátor ou a deliciosa Starobrno?

Do lado das alemãs, merece pena capital quem não conhece cervejas como Pfungstädter, Paulaner, Wernesgrüner e a austríaca Eggenberg Hopfenkönig.

Brasileiras? Pois sim! Por essas terras, o degustador poderá enlevar-se aos sabores das brejas Bamberg Camila Camila, Abadessa Slava e tantas outras, que vêm brilhando nesse "renascimento" cervejeiro nacional. Aproveite!

Tenha em mente que, em se tratando de cerveja, para compreender os sabores mais complexos, precisamos antes entender os mais suaves. Evoluir o próprio paladar e os gostos pessoais é importante, não esqueça. É bom lembrar, entretanto, que as Standard Lager "comuns" (aquelas que *achávamos* ser Pilsen) são para a maioria de nós as cervejas primevas, aquelas que fizeram com que nos apaixonássemos pelas brejas dos demais estilos.

E o primeiro amor jamais se esquece. Mesmo que a paixão não seja mais ardente como antes, cabe-nos ao menos compreendê-la.

ONDE ESTÁ A MALZBIER?

Cerveja escura é tudo igual? Ou seja, podemos dizer que todas elas são iguais às famosas Malzbiers? Muita gente acha que é, e aqui vamos tentar juntos desvendar a charada.

De início, cabe-nos definir a Malzbier. Em várias localidades da Alemanha, onde a variedade foi engendrada — e vejam que não se trata de um estilo de cerveja nem do BA nem do BJCP —, a Malzbier é oferecida às crianças. Embora a nós, brasileiros, a prática pareça chocante, eis que vivemos sob o jugo americano do politicamente correto, lembremos que os germânicos encaram a cerveja mais como alimento do que como bebida demoníaca e destruidora de caracteres, lares e reputações.

Mas há outra explicação, essa mais técnica. A Malzbier alemã (o termo deriva de *malt beer*, ou cerveja de malte) é geralmente enquadrada na categoria das brejas sem álcool, ou com uma concentração não maior do que 0,5% ABV. Isso se dá porque sua fermentação é feita em temperaturas muito baixas, quase ao ponto do congelamento. Nessa condição, as leveduras ficam "adormecidas", embora haja açúcar de sobra metabolizando no mosto cervejeiro. Após essa "microfermentação", a cerveja é filtrada e pasteurizada, processo no qual são eliminadas as leveduras, que nem chegaram a trabalhar muito. O resultado é uma cerveja muito doce e puxada para os maltes torrados das quais é feita.

No Brasil, porém, a coisa acabou acontecendo de uma maneira um pouco diferente. A Malzbier brasileira é, muitas vezes, produto com adição de flavorizante caramelo em um lote de brejas "tipo Pilsen" (ou, tecnicamente, Standard American Lager) que acabou ficando fora do padrão de fabricação, tudo para disfarçar as pequenas imperfeições e poder vender tranquilamente uma cerveja docinha aos incautos.

A dobradinha baixo amargor e alto dulçor das cervejas Malzbier brasileiras geralmente agrada a muitos paladares masculinos e, sobretudo, femininos, adeptos da máxima "não gosto de cerveja, só gosto de Malzbier porque é docinha". Você pode até continuar a ser um empedernido apreciador dessas cervejas. Mas saiba a verdade sobre elas.

PARA AVANTE E ALÉM!

Grandes músicos nunca compõem sempre a mesma música. Da mesma forma, os grandes cervejeiros, estejam eles em grandes cervejarias ou às voltas com as panelas de casa, sempre estão aperfeiçoando suas receitas. Há aqueles que as aperfeiçoam com o objetivo declarado de elaborar cervejas que sejam as mais fiéis possíveis ao estilo proposto. E, também, há aqueles que deliberadamente fogem das descrições clássicas, criando cervejas dissociadas de qualquer estilo catalogado. Assim está acontecendo, da mesma forma que assim sempre aconteceu na evolução da cerveja através dos tempos.

Nos dias de hoje, quase nada sobrou da cerveja que há 6 mil anos era servida nos banquetes dos soberanos da Babilônia. Ao longo dos anos, assim como a evolução das espécies da teoria darwiniana, estilos de cerveja vêm e vão, nascem e morrem. Quem os faz surgir e desaparecer são os humanos e suas percepções sensoriais: se o senso comum nos faz aceitar melhor um estilo, ele sobrevive por mais tempo em nossas mesas.

Há no guia do BJCP uma categoria de estilos chamada "Specialty Beer", cuja razão de existir é abarcar todos os outros estilos que, por um motivo ou por outro, não se encontram relacionados em sua tábua. É interessante notar que, a cada dia, mais e mais novas cervejas são "categorizadas" como Specialty Beer, simplesmente porque a evolução da criação humano-cervejeira é tão rápida que seria preciso atualizar quase que diariamente qualquer guia de estilos.

Já mencionei que as cervejas são simplesmente *criadas*, e a *categorização* dessas cervejas vem sempre depois. As brejas nascem primeiro que os estilos. E agora mesmo, no exato momento em que você lê este livro, há uma centena de cervejeiros criativos no mundo pondo em prática receitas que você nunca viu, e que não se encaixam em estilo nenhum já catalogado.

Exceto se estivermos julgando cervejas em algum concurso, o que não podemos é torcer o nariz porque uma ou outra breja não se enquadra exatamente num ou noutro estilo. Talvez, a intenção do cervejeiro seja justamente essa.

DEGUSTAÇÃO

Degustar é prestar atenção naquilo que se está consumindo. Pode parecer incrível, mas muita gente experimenta alimentos sem prestar a menor atenção aos seus sabores, aromas e demais sensações. E prestar atenção no que você vai consumir é o que potencializa o prazer e, sobretudo, *valoriza* o que se consome.

Se, antes de beber, você observa a cor e o cheiro de um vinho; se ao aproximar a xícara de café à boca, você antes sente seu aroma; se antes de meter o garfo no prato você se enleva em seus vapores aromáticos, bem-vindo ao nosso clube de degustadores. Mesmo sem saber, você é um de nós.

Já vai longe o tempo em que a cerveja era classificada com simplismos. Assim, merecem banimento do nosso vocabulário cervejeiro termos como "cerveja forte", "cerveja fraca", ou mesmo "cerveja clara" e "cerveja escura" os quais, isolados, nem de longe se prestam a definir uma breja como se deve. Frequentemente se associa uma cerveja de coloração mais escura à sua maior potência alcoólica. Daí uma breja nessas condições ser considerada uma "cerveja forte" pelo degustador menos experiente. Acontece que essa percepção não é uma regra no vasto mundo dos estilos de cerveja.

183

Conceitos vagos como "forte" e "fraca" não exprimem a qualidade de uma cerveja. Ao contrário, servem para, em alguns casos, desestimular o novo degustador declaradamente inimigo de brejas menos ou mais alcoólicas ou de colorações diferentes daquela a que está habituado.

Assim, para apresentar cervejas especiais ao seu amigo que só toma as "tipo Pilsen", prefira termos mais corretos como "mais maltada" ou "mais lupulada" (em vez de "mais amarga", que costuma assustar também...). Desestimule preconceitos. Faça-o compreender que, afinal, existem mais de 120 estilos de cervejas a serem experimentados e que se negar a essas novas experiências significa, em última análise, que ele não gosta de cerveja — e sim, de rótulo.

Isso posto, a pergunta é recorrente, e costumo ouvi-la em praticamente todos os cursos e palestras que ministro: como degustar corretamente uma cerveja?

Entendamos, antes de qualquer resposta, que aquelas cervejas comerciais, leves, feitas com o único propósito de refrescar — sim, aquelas "tipo Pilsen" do boteco — não se prestam exatamente para serem

degustadas, sob pena de, prestando-se mais atenção a elas, passar a odiá-las em função de possíveis aromas e sabores desagradáveis que possam ostentar depois de menos geladas. Mas há um esquema mais ou menos básico para degustar uma cerveja de estirpe, e aí vai ele.

COMO ESCOLHER

Em princípio, o degustador deverá avaliar a situação na qual ele consumirá a cerveja. Tudo deve ser considerado em função do "clima", em ambos os sentidos. Será em casa, sozinho, ou num churrasco com amigos? Está fazendo frio ou calor? Em linhas gerais, cervejas a serem consumidas em grandes quantidades ou em temperaturas mais quentes devem ser mais "leves", como as do estilo Pilsen ou Weissbier. Cervejas mais "fortes", com graduação alcoólica mais elevada, são especialmente destinadas à degustação em menores quantidades e indicadas para consumo em dias mais frios. Ao comprar, portanto, atente-se primeiramente aos rótulos das cervejas. Neles, em geral, se encontrarão informações fundamentais na escolha, como o estilo da cerveja, seu teor alcoólico, a temperatura indicada para o consumo e até dicas de harmonização, como é o caso de algumas cervejas artesanais como Baden Baden, Eisenbahn e Bamberg.

A DEGUSTAÇÃO

Aqui começa a "brincadeira", uma vez que os seus atributos sensoriais são aguçados e postos à prova. Tudo se principia pela visão, na avaliação da aparência da cerveja. É o seu primeiro contato com a cerveja, antes mesmo de deitá-la no copo. Apresente-se à breja e deixe que ela comece a te contar de onde ela veio e a sua história, por meio do rótulo. Já servida, observe a cor, a textura do líquido e a aparência e a durabilidade do creme. Isso feito, antes de beber, aproxime o nariz da borda do copo e sinta o que, talvez, seja uma das mais complexas

características da cerveja: o aroma. É nele que você sente aquele gosto floral, cítrico, de malte, cravo... Dependendo da complexidade da cerveja, as sensações são infinitas e refletem o que está contido na sua memória olfativa.

Aprender a captar o aroma de uma cerveja é uma arte que requer muito treino. Quer começar a ficar íntimo da breja? Sorva o primeiro gole, deixando que a cerveja "passeie" por toda a boca, vagarosamente. Analise se é uma cerveja ácida, amarga, doce ou azeda, bem como a duração de cada um desses aspectos na sua boca. Ao se considerar mais íntimo da breja, é tempo de avaliar as sensações na boca: o corpo, a textura, a carbonatação (ou a sensação frisante) e o gosto final e o retrogosto (chamado de "*aftertaste*" ou retronasal) que permanece na boca após tomá-la.

A AVALIAÇÃO

O meu site, o *Brejas*, possui uma ferramenta bastante prática de avaliação, o Ranking, no qual cada visitante pode conferir uma nota a cada cerveja que degusta. Para tanto, o Ranking utiliza como regra um

DEGUSTAÇÃO

sistema que avalia cada aspecto da cerveja em separado, conferindo mais precisão e fidelidade ao julgamento. Contudo, trata-se de uma característica pessoal. Tenha em mente um fator fundamental: toda cerveja tem de estar inserida dentro de um estilo definido. Procure utilizar um bom guia de estilos (Beer Judge Certification Program (BJCP) ou Brewers Association (BA), ambos disponíveis na internet), os quais descrevem detalhadamente o que podemos encontrar em cada um dos inúmeros estilos já criados no tocante a aroma, aparência, sabor, paladar, ingredientes e várias outras informações. Ou seja, atribuindo nota ou não à sua cerveja, certifique-se, após a degustação, de que ela esteja dentro do estilo que o rótulo propôs.

O site *Brejas* não é o único canal de avaliação de cervejas. Nos países onde a cultura cervejeira é mais difundida, a exemplo dos Estados Unidos e da Europa, há diversos sites e aplicativos dedicados à avaliação de cervejas por quem as degusta, alguns com milhões de usuários cadastrados, nos quais há uma só dinâmica comum entre todos eles: o sujeito toma a cerveja e confere a ela suas notas e comentários, que são lidos por todos.

Dar nota à cerveja que se bebe pode não ser a sua onda, e conheço inúmeros bons degustadores de cervejas que não se preocupam com esse aspecto. De qualquer forma, tenha em mente que há vários bons motivos para se avaliar cervejas. O principal deles é que o Ranking serve como um canal direto entre o consumidor e o fabricante. Você pode abrir o coração e dizer tudo aquilo que pensa sobre a cerveja que degustou. E acredite, os fabricantes vão te ouvir. É claro que isso contribui para o círculo virtuoso de crescimento da cultura cervejeira no Brasil, fazendo com que os fabricantes se empenhem cada vez mais em melhorar seus produtos, bem como os varejistas, que procurarão adquirir para os seus estoques as brejas com as melhores avaliações.

Há também outros aspectos positivos na avaliação de cervejas. Atribuir notas em separado aos diversos aspectos sensoriais de uma breja (aroma, sabor, aparência, sensação) ajuda você a "entender" melhor o que está degustando, servindo para "treinar" cada vez mais o seu paladar. Compartilhar informações com outros degustadores é muito legal e divertido, além de contribuir para a sua própria cultura sobre o assunto. Faz muito tempo que degustou aquela breja deliciosa, mas não se lembra mais dela? A solução ideal é tomar outra. Mas, se não estiver com a cerveja à mão, o Ranking será de grande ajuda. É possível também comparar a mesma cerveja — ou a sua percepção sobre ela — ao longo do tempo e tirar suas próprias conclusões. Lembre-se de que as cervejas, assim como as pessoas, mudam com o tempo.

A grana anda curta? Use o Ranking como instrumento de consulta e selecione você mesmo as brejas que o seu bolso lhe permite degustar em razão do custo/benefício. As propagandas sempre falam maravilhas dos seus produtos. Nelas, não há aspectos negativos. Consultar o Ranking põe você em contato com as opiniões — positivas e negativas — de pessoas como você, que querem consumir bem, sem o apelo do marketing. Os rankings de cervejas são espaços democráticos. Todas as notas têm o mesmo peso, seja a do mestre-cervejeiro ou a do degustador iniciante. Não tenha receio em expor a sua opinião, sem policiamentos ou censuras. Você estará somando cultura e conhecimento, mesmo que outras pessoas eventualmente não concordem com você.

Estas são, em linhas gerais e resumidas, as principais orientações para quem quer começar a se aventurar no fascinante mundo da

DEGUSTAÇÃO

degustação de cervejas. Agregue a isso muita leitura sobre o assunto e, claro, muita cerveja para degustar. O mercado brasileiro está cada vez mais pródigo em excelentes cervejas de diferentes estilos, tanto artesanais nacionais quanto importadas. Aproveite o *seu* momento com a sua cerveja.

TEMPERATURA: POR QUE TOMAMOS CERVEJA "ESTUPIDAMENTE GELADA"?

Final de uma tarde quente, a garganta seca. Você se acomoda na mesa da choperia e implora o precioso líquido ao garçom. E rápido, por favor. Em segundos, o copo se materializa na sua frente. Gelado. Mas absurdamente gelado. Você leva aos lábios e percebe que a espuma também está praticamente congelada, parecendo *milk-shake* ou raspadinha (lembra dela?). Sente até mesmo os cristais de gelo a entrar-lhe pela garganta enquanto dá o primeiro gole. Sim, você matou a sua sede. Mas não sentiu gosto nenhum. Uma água mineral com gás naquela temperatura enregelante produziria o mesmo efeito, com a vantagem de ser mais barata.

No Brasil, criou-se o mito de que cerveja, para ser bem servida, deve estar "estupidamente gelada", ao ponto de congelamento. Muitos donos de bares colocam freezers verticais de diversas marcas à vista dos clientes, com termômetros eletrônicos nos quais se anuncia que lá dentro a breja estaria a três, quatro graus negativos (embora se saiba cientificamente que a cerveja vira pedra a -2,5° C).

É claro que nas areias escaldantes das praias brasileiras, num calor de 40° C, é difícil imaginar beber algo que não seja bem gelado. Todavia, é bom ter em mente (e olha a ciência aí de novo!) que, abaixo de 2° C, a temperatura da cerveja é tão fria que amortece as papilas gustativas, as células epiteliais na língua responsáveis pelo sentido do sabor. Portanto,

189

ao beber uma cerveja gelada demais, você pode até se refrescar, mas não sentirá gosto algum.

Chega então o momento da pergunta: afinal, qual é a temperatura correta para apreciar uma cerveja?

Assim como todos os assuntos complexos da vida — e cerveja é um deles — a resposta não é uma só. A temperatura da cerveja que se vai consumir é determinada por diversos fatores, sobretudo o estilo de cada uma. Vários especialistas de renome mundial propõem uma espécie de "escala" de quatro níveis de temperatura para bem servir e apreciar uma cerveja, estritamente de acordo com seus tipos:

1. **MUITO GELADA** (de 0° C a 4° C): Cervejas no estilo Pale Lager (sim, a "tipo Pilsen" do boteco), cervejas sem álcool e quaisquer cervejas que tenham como objetivo apenas refrescar e não serem degustadas.
2. **BEM GELADA** (de 5° C a 7° C): nessa escala já encontramos cervejas aptas à atividade degustativa. É ideal para brejas do estilo Pilsner (estilo originário da República Tcheca), Weizen (trigo) e Bock, dentre outras.
3. **GELADA** (de 8° C a 12° C): Ideal para a grande maioria dos estilos de cerveja, especialmente os da família Lager com maltes mais tostados, Pale Ale, Amber Ale, Weiss (escuras), Porter, Helles, Vienna, Tripel e outros.
4. **TEMPERATURA DE ADEGA** (de 13° C a 15° C): somente para as brejas nos estilos Ale Quadrupel, Strong Ale (escuras), Stout e a maioria das cervejas especiais belgas.

Note que as cervejas mais claras e suaves normalmente são servidas mais geladas, enquanto as mais escuras e mais fortes devem ser servidas em maiores temperaturas.

É claro que não se trata de uma regra pétrea e nem as escalas de temperatura acima são obrigatórias quando se serve uma breja. Siga-as ou não. Tudo depende do gosto de quem bebe, do local de consumo e, principalmente, da proposta do momento. Porém, tais dicas são um importante instrumento a fim de que você possa absorver todos os aromas e sabores que o mundo cervejeiro tem a lhe oferecer. Ou você pode

DEGUSTAÇÃO

suportar o risco de não sentir sabor nem aroma naquela cerveja em que você gastou uma grana extra.

Para concluir, respondo a uma pergunta que anda na cabeça de todo mundo que adora cerveja: uma breja fica com gosto ruim se esquentar e for colocada para gelar novamente? Como mencionei no capítulo 2 ("Mitos e verdades"), é possível que fique ruim se o processo de mudança de temperatura for repetido várias vezes. Se isso acontecer com você uma vez na vida, gele de novo e vá em frente. Só não deixe congelar, pois nesse caso, ela vai perder as propriedades.

Mas voltemos à questão do clima brasileiro *versus* consumo de cerveja. Tenho um amigo que é completamente louco por panetones. De todos os tipos, sejam eles de frutas cristalizadas, chocolate, nozes, qualquer panetone. Em finais de ano, ele nada em panetone às braçadas. Mas, em outras épocas, se exaspera porque não acha o produto no mercado para dar vazão à sua fissura. O mercado brasileiro possui uma forte tradição de sazonalidade, sempre ditada pelos hábitos dos consumidores. Os fabricantes deixam de produzir o confeito porque sabem que o brasileiro não vai comprar panetone fora da época do Natal. Assim como o panetone, o mercado cervejeiro acusa grandes baixas nas vendas das maiores marcas em épocas menos quentes.

Por inúmeras vezes já fui questionado acerca das cervejas especiais em relação ao clima quente brasileiro, sobretudo as brejas escuras ou com maior potencial alcoólico. O brasileiro, acostumado a consumir cervejas do tipo Pilsen, sempre considerou que cerveja foi feita "para refrescar", e que as cervejas mais "fortes" devem ser consumidas apenas quando o clima esfria. Trata-se, entretanto, de uma meia-verdade. Apenas para exemplificar, o maior consumo *per capita* de sorvetes é dos países escandinavos, onde o frio é de rachar quase o ano todo.

Voltando ao assunto cervejeiro, os inventores do estilo Pilsen são os tchecos, e a República Tcheca está muito longe de ser um paraíso tropical. Por sinal, é lá que está o maior consumo *per capita* de cervejas no mundo — e a imensa maioria das brejas consumidas é, claro, do estilo Pilsen, seja no verão moderado ou debaixo de nevasca.

Considere que o consumo de cerveja não pode se dar apenas em razão do clima, mas sobretudo pela *ocasião* na qual se bebe. Com o tempo, você mesmo descobrirá qual estilo de cerveja combina mais com cada situação de consumo. Concordo que seja inadequado servir uma cerveja muito alcoólica num churrasco à beira da piscina, momento que pede um estilo mais leve — como o Pilsen ou cervejas de trigo. Todavia, não podemos nos furtar a degustar uma breja especial mais alcoólica ou escura, mesmo no verão, só porque está calor. Mesmo a temperatura escaldante destes trópicos não pode servir de desculpa para não aproveitarmos o que o crescente mercado das cervejas especiais tem a nos oferecer.

ESPUMA: O CREME DO COLARINHO BRANCO

Há 2.000 anos, o grego Plínio, o Velho, escrevia um curioso relato sobre os hábitos dos povos da Ásia Menor. Dizia ele que as egípcias de então usavam a espuma da cerveja para tornar suas peles mais frescas e claras. Hoje se sabe que a esquisitice tinha fundamento científico: a espuma da cerveja, assim como a própria bebida, contém ácido fosfórico, que favorece o crescimento e manutenção de tecidos celulares saudáveis.

Mesmo com a difusão da cultura cervejeira no país, ainda hoje há quem prefira cerveja ou chope sem espuma (ou "creme", como preferem alguns mestres-cervejeiros). Contudo, o hábito de beber cerveja "sem colarinho", na maioria das vezes, não tem nada de científico ou benéfico. Isso porque o creme retém o aroma da cerveja e evita a rápida dissipação do gás nela contido, prevenindo que o líquido entre em contato com o oxigênio do ar, o que compromete o sabor da breja.

Mas do que é feito o colarinho, esse incompreendido?

A estrutura da espuma é constituída na sua maior parte por proteínas. Na grande maioria dos estilos, uma cerveja com um creme consistente e persistente indica que houve um grande cuidado do cervejeiro em preservar as proteínas do malte para que estas pudessem formar no copo um colarinho de textura suave e delicada. Além dessas proteínas,

DEGUSTAÇÃO

há também alguns polifenóis derivados do lúpulo utilizado para conferir o amargor da breja (já repararam que o creme é ligeiramente mais amargo que o líquido?).

Ao abrirmos a garrafa ou a latinha, libertamos o gás dióxido de carbono existente na cerveja, que até então estava aprisionado em função da pressão interna do recipiente. Deitando o líquido ao copo, as pequenas "células" que continham o gás dentro da garrafa se expandem, uma a uma, juntando-se às outras na superfície e formando o colarinho. Por sua vez, a cerveja contém etanol entre os seus componentes, o que reduz a tensão superficial do líquido e favorece a liberação de bolhas de gás e, consequentemente, forma o creme.

Entretanto, ao contrário do saber popular, nem toda cerveja tem obrigação de ostentar uma espuma branca e farta, uma vez que há que se levar em consideração vários fatores, como o seu estilo e os ingredientes utilizados na fabricação. Uma cerveja do estilo Lambic, por exemplo, não costuma sequer formar o creme, e essa característica é considerada normal e plenamente aceitável. Da mesma forma, cervejas muito alcoólicas em geral fazem pouca espuma, já que o álcool diminui a função estabilizadora das proteínas formadoras do creme que existem no malte. Ou seja, cada estilo de cerveja tem (ou não) o seu creme característico.

Para formar uma deliciosa e consistente espuma que coroe o topo da sua breja predileta, é fundamental que o copo esteja limpo e sem quaisquer resquícios de gorduras ou detergentes. Tal fato se dá porque os detergentes contêm em sua formulação substâncias chamadas de surfactantes, que atuam na superfície do líquido e reduzem a sua tensão superficial, "matando" a espuma. Vai também da habilidade de quem serve a breja. Cada estilo possui um copo especial, que influencia na experiência degustativa. Todavia, em linhas gerais, a regra é sempre inclinar o copo cerca de 45 graus em relação à mesa, derramando a bebida aos poucos até a metade. Em seguida, endireitar o copo e derramar o restante da cerveja.

A partir daí, analise a espuma da sua breja. Que coloração ela possui (branca, marrom, ocre etc.)? Qual o tamanho das bolhas? Elas se desprendem do fundo do copo e flutuam até a borda do líquido? O creme é duradouro ou fugaz? Durante a degustação, a espuma vai deixando marcas ao redor da parte interna do copo (o chamado "laço belga")?

Dois dedos de espuma são suficientes para cervejas do estilo Pilsen, o mais consumido no Brasil. No bar, há gente que acha que, pelo chope vir com o colarinho, o garçom está "roubando" do cliente, posto que quanto mais espuma, menos líquido. Depende. Em alguns copos, existe gravado o nível aceitável de líquido, já descontado o volume da espuma. Na maioria dos bares brasileiros, infelizmente isso ainda não existe. Portanto, caso você se sinta lesado, antes de colocar a culpa na espuma em excesso ou mandar descer logo um chope sem colarinho, o melhor a fazer é simplesmente trocar de bar.

CADA CERVEJA NO SEU COPO

Um dia você resolve investir numa cerveja um pouco mais cara e bem diferente daquelas com as quais está acostumado. Depois do trabalho, você passa num empório ou supermercado, escolhe e a leva para casa. Após resfriada, você se prepara para desfrutar o grande momento da degustação. Prestes a abri-la, você descobre que, na sua cristaleira, só há copos de requeijão. Você deixa de frescura e bebe a cerveja assim mesmo? Ok, mas deixe-me alterar a situação: e se a bebida fosse um bom e caro vinho? Você o beberia, mesmo assim, naquele copo?

Em gastronomia, é comum dizer que se come primeiro com os olhos. Tal afirmação decorre da percepção de que a apresentação de um prato é quase tão importante quanto seu aroma e seu sabor. Por mais gostoso que seja, um haddock jamais será o mesmo e terá o mesmo sabor se jogado displicentemente sobre o prato. O dourado brilhante de um peru assado convida ao garfo. Um cheesecake perde totalmente a sua graça se vier esparramado e molenga. Da mesma forma, uma cerveja do estilo Bock, acastanhada e com espuma ocre abundante, não ficará tão gostosa se servida em um copo qualquer.

Como já vimos nos primeiros capítulos deste livro, as primeiras cervejas da história eram sorvidas em jarros feitos de barro, e com canudinho para se evitar beber as impurezas do líquido, tanto as decantadas no fundo quanto as que boiavam na superfície. Naquela época, a cerveja era uma bebida turva e repleta de partículas e demais objetos maiores em suspensão. Como não havia copos de vidro, o aspecto visual da breja era o que menos importava.

Na Idade Média, a preocupação com a beleza da cerveja pouco mudara. Os copos de vidro eram muito raros e definitivamente não eram utilizados para se beber cerveja. Bebia-se em canecas de madeira, de cerâmica e de metal, como o estanho.

E para quem ainda não acha o copo correto da cerveja tão importante assim, aí vai uma informação histórica fundamental: foi a disseminação dos cristais da região da Boêmia, na República Tcheca, na primeira metade do século XIX, que praticamente forçou a criação de um estilo próprio de cerveja, o qual deveria ser translúcido, dourado, brilhante, borbulhante e apresentar um convidativo colarinho. Tais aspectos só poderiam ser apreciados através do vidro transparente, ao contrário das canecas de barro, madeira ou metais de então. Em homenagem à cidade onde foi inventado, o estilo dessa nova cerveja foi chamado de Pilsen. A cerveja que você toma despreocupadamente em qualquer boteco foi criada *por causa* do copo.

Assim como existem taças diferentes para vinhos brancos, tintos, de sobremesa e fortificados, há também copos e taças adequados para cada um dos estilos de cerveja. O objetivo é valorizar não apenas a aparência, mas também as demais percepções que possam ser aproveitadas na cerveja.

Nesse pensamento, em geral, cervejas da família Lager, com menos aromas e mais espuma, são mais apropriadas para copos com bocas estreitas, valorizando o creme que ostentam. Por outro lado, cervejas da família de fermentação Ale, mais aromáticas, tendem a ser servidas em copos com bocas mais largas, a fim de que seus aromas se desprendam com mais facilidade e inebriem os sentidos do degustador antes mesmo deste levar o líquido aos lábios.

Hoje, os fabricantes de cerveja desenvolvem copos adequados a cada rótulo que produzem. Mas podemos dizer que há um certo padrão de *glassware*, complexo à primeira vista, mas muito fácil de ser aprendido à medida que nos familiarizamos com cada estilo de cerveja. Com o tempo e com o aprendizado, a escolha de cada copo passa a ficar intuitiva.

PILSNER — No Brasil, é errônea e popularmente chamado de "tulipa". Popularizou-se na Europa a partir da década de 1930, refletindo o espírito *Art Déco* típico da época. Tem perfil estreito, possibilitando a observação das cervejas mais claras. A boca, mais larga do que a base, é assim desenhada para que, conforme se esvazia o copo, a espuma se retenha por mais tempo.

LAGER — Mais conhecido entre nós como o velho "copo de chope" ou, ainda erroneamente, a "tulipa". Se parece com o copo Weissbier, só que com o mesmo tamanho e função do copo Pilsner.

CALDERETA ou SHAKER — No Brasil, também é popularmente chamado de "americano". O nome oficial *shaker* deriva da semelhança com o copo metálico próprio usado na coquetelaria. Não foi um copo desenhado para se beber cerveja propriamente, já que não evidencia os aromas; mas, a partir da década de 1980, passou a ser usado em bares por causa da sua versatilidade. Com o tempo, associou-se ao serviço de cervejas do estilo India Pale Ale (IPA).

NONICK — Raro no Brasil, é um copo típico dos pubs britânicos. Faz sentido: enquanto se bebe em pé — ato comum nesses estabelecimentos —, o bebedor o segura logo abaixo da leve "protuberância", evitando assim que o copo escorregue das mãos e se espatife no chão.

PINT — Tradicionalíssimo copo para as Stout irlandesas, como a Guinness. Historicamente, seu volume correspondia a exatos 551 ml, estabelecido pela Lei de Pesos e Medidas britânica de 1824 (o chamado *pint imperial*). Hoje, porém, com a disseminação do estilo do copo, há pints no mundo todo, e com as mais diversas medidas de volume. Seu projeto de formato teve a mesma motivação do nonick.

DEGUSTAÇÃO

WEISSBIER — Com volume de 500 ml, é o copo por excelência das cervejas do estilo Weissbier, ou de trigo. Em geral, é adornado com a marca da cervejaria e com uma inscrição quase à sua borda indicando o que pode ser líquido, e o que será a espuma. Nos bares de cervejas especiais aqui no Brasil e mais ainda na Alemanha, cuja garrafa é sempre do mesmo volume do copo, serve-se o líquido com o recipiente inclinado, procurando fazer pouca espuma no início. Quando a cerveja estiver quase toda no copo, pousa-se o copo na mesa e gira-se algumas vezes a garrafa, a fim de que os fermentos que se depositaram no fundo — e que são consumíveis — possam ser degustados. Nessa última etapa, deita-se a cerveja ao copo com mais rapidez, a fim de criar um creme alto. Possui o formato alto característico para que, após cada gole, o líquido retorne com rapidez para o fundo, revolvendo-o e mantendo as partículas da levedura em permanente suspensão.

TULIPA — Surgido no final do século XIX, o modelo pode ser usado por virtualmente qualquer estilo de cerveja. Seu interior bojudo permite observar a cor do líquido em sua exuberância, e a boca estreita favorece a retenção da espuma. O conjunto possibilita que o degustador beba o líquido sem, no entanto, precisar sujar muito o "bigode" de espuma. Seu nome deriva do formato da flor homônima.

CÁLICE — Ideal para cervejas muito aromáticas, em especial as grandes Strong Ale da Bélgica. É também chamado de *goblet* ("taça", em inglês) ou, na Europa, *bollecke*, que significa, em holandês, algo como "bolinha". Seu tamanho pequeno favorece a degustação de cervejas com maior teor alcoólico. Na degustação, seu desenho valoriza muito mais os aromas — que são melhor volatizados graças à boca larga — do que a espuma.

197

FLAUTA ou FLÜTE — Com desenho longilíneo realmente assemelhado a uma flauta, é indicado para cervejas elaboradas com leveduras de champagne — como a belga DeuS Brute des Flandres ou a brasileira Eisenbahn Lust —, valorizando a elegância e retendo o creme por mais tempo.

SNIFTER — No Brasil, é o popularmente chamado copo de conhaque. Foi desenvolvido no começo do século XX especialmente para se tomar *brandy*. Por causa da estatura pequena e das bordas ligeiramente curvadas para fora, é ideal para degustação das cervejas bem alcoólicas — como as do estilo Barley Wine — e as hiperaromáticas Imperial Stout. Tais cervejas são elaboradas para serem servidas em temperaturas mais altas; assim, o bojo largo do copo permite que você o segure por ele, "esquentando" aos poucos a breja e possibilitando que se sintam as nuances aromáticas próprias de cada variação de temperatura.

CANECA — Também chamada de *mug* na Inglaterra e no resto do mundo. Na Alemanha, recebe diversas denominações: *stein*, *mass* (para aquelas com capacidade de 1 litro), *krug* (de cerâmica, geralmente com entalhes artísticos alusivos à região onde foi fabricada) e *bavarian seidel* (de vidro, comum na Oktoberfest). Como já vimos no início deste capítulo, antes dos copos de vidro, bebia-se em canecas. Dessa forma, a caneca possui uma infinidade de variações em formato e tamanho ao redor do mundo, algumas tão bonitas que viram objeto de fetiche de colecionadores — como este autor. Algumas *stein* alemãs ostentam tampas metálicas, também decoradas, que servem para se beber no verão ao ar livre nos *biergarten* (ou jardins da cerveja), evitando assim que as folhas das árvores caiam na cerveja.

DEGUSTAÇÃO

TAÇA DE VINHO BRANCO — O copo-coringa. Você tem uma cerveja supimpa para experimentar, já vasculhou sua casa e tudo o que achou foram copos nem sequer minimamente compatíveis com o estilo da sua breja, ou só copo de requeijão ou de plástico branco — horror que nem cabe aqui ser comentado. Faça um último esforço e busque na cristaleira uma taça de vinho branco. Quase todo mundo tem em casa. Na falta do copo recomendado, ela vai servir. Segurá-la pela haste evita que a cerveja se aqueça em demasia. Seu formato permite contemplar o líquido e a formação e a duração da espuma. Sua boca mais estreita concentra os aromas da cerveja, que vão direto ao seu nariz. Está resolvido o problema e você não precisa adiar sua degustação para quando tiver o copo absolutamente perfeito.

No início deste capítulo, ao falar da espuma, já dei alguns toques sobre a limpeza e apresentação dos copos, mas nunca é demais lembrar: copos com resquícios de sabão ou detergente acabam com qualquer espuma de cerveja. E copo sujo, convenhamos, nem pensar. Você não está na Idade Média.

O AROMA: CHEIRAR SUA CERVEJA NÃO É "FRESCURA"!

Descontados eventuais esnobismos, talvez o ato mais nobre e importante de um degustador de vinhos é aproximar o copo do nariz e sentir-lhe o buquê. Mas não é preciso ir muito longe: ao receber um prato no restaurante, você sente o seu aroma antes de levar o garfo à boca; o mesmo se dá com qualquer outra bebida, do café, passando pelo uísque e pela cachaça e chegando até mesmo à água.

Dito isso, vem a questão: por que diabos o brasileiro acha *frescura* sentir o aroma da cerveja antes de, displicentemente, engoli-la? A pergunta encontra ainda mais sentido quando se constata que cerca de 80% das sensações ao ingerir qualquer alimento vêm do nariz, e não unicamente da boca, já que ambas as regiões são interligadas. Isso explica a razão pela qual, quando estamos resfriados e com o nariz entupido, sentimos tão pouco o gosto dos alimentos.

Até mesmo a propaganda de qualquer produto alimentício prefere centrar muito mais no *sabor* e poucas vezes no aroma. Então seria o sabor mais importante que o aroma? Não, não é. Como veremos um pouco mais adiante, a boca consegue sentir apenas cinco sensações além das táteis (salgado, azedo, doce, amargo e umami — este último será melhor explicado mais adiante), enquanto fica para o nariz todo o resto.

Nossa cavidade nasal possui cerca de 9 milhões de células receptoras de aroma. Não são muitas se comparadas às do cão (cerca de 225 milhões), mas fazem com que o olfato seja, talvez, o mais poderoso dos nossos cinco sentidos. Aromas são máquinas do tempo que podem nos transportar a situações do passado, levando-nos ao primeiro encontro, ao melhor beijo, às tardes de domingo com molho de tomate e manjericão no ar, ao passeio inesquecível na floresta, ao fim de semana na praia. Podem, de outra forma, evocar desgostos ou decepções. O aroma tem esses poderes, e a essa relação entre ele e nossas experiências passadas denominamos *memória olfativa*.

Do ponto de vista químico, o olfato humano consegue distinguir até cerca de 10 mil aromas diferentes. E, do ponto de vista de um degustador de cervejas, o aroma é a chave-mestra para se entender uma cerveja. Levar a breja ao nariz é colocar para funcionar toda a nossa memória olfativa, nos lembrando de odores que já sentimos em algum momento de nossas vidas, quer sejam agradáveis ou nem tanto.

Mas como *descrever* esses milhares de aromas?

Podemos, com facilidade, descrever cores. Mesmo que um tom de azul seja mais claro ou escuro, sempre será azul. A grama do jardim, embora possa ficar mais seca e desbotada na estiagem, sempre será verde. Da mesma forma, distinguir e descrever sons, a menos que você tenha alguma deficiência auditiva, também não requer maiores digressões. Não falo aqui das notas musicais cujas diferenças sutis requerem ouvidos bastante apurados, mas é moleza descrever o coaxar de um sapo, o toque de uma buzina ou o mugir de um boi. São referências instantâneas, para as quais não há grandes discussões.

Já com aromas a coisa muda de figura. O malte tostado de uma cerveja, para uns, lembra café; para outros, chocolate, e ainda há aqueles que remetem ao caramelo. Caso uma pessoa não suporte café, chocolate ou caramelo, o aroma vai remeter a outra coisa. Os aromas frutados provenientes das leveduras de uma cerveja de trigo lembram

à maioria das pessoas cravo e banana, mas eu já vi muita gente dizer que remetem à massinha de dentista.

Esse aparente descompasso de rótulos no que se refere aos aromas é natural e acontece com todos, em maior ou menor proporção, até mesmo comigo. Há um atributo na cerveja derivado de um composto químico chamado diacetil que, para a esmagadora maioria das pessoas, lembra manteiga. Acontece que, ao longo da minha infância, e eu não sei por quê, desenvolvi certa aversão à manteiga, de forma que ela não participa da minha vida. Sendo assim, como faço para identificar o diacetil na cerveja? Remeto a outra experiência vivida, outra *memória olfativa*: para mim, o diacetil lembra o cheiro do pirulito Zorro, aquele de formato retangular, que ficava junto ao doce de leite, à cocada e ao caramelo nas vendinhas de cada esquina, lembra? Quem tem menos de 30 anos, nem tente.

O pirulito Zorro, uma lembrança dos anos 1970/1980: minha memória olfativa para identificar o aroma amanteigado na cerveja.

Ao contrário do que fiz supor, porém, não é assim tão difícil descrever aromas se tivermos à mão conhecimento e instrumentos adequados para tanto. À falta de clareza descritiva, os cientistas ligados à área sensorial foram desenvolvendo "rodas" de aromas e sabores, espécie de tabelas contendo as maiores incidências de memórias olfativas relatadas por um grande grupo de pessoas.

A primeira dessas rodas foi criada em 1974 pela química americana Ann C. Noble, para os degustadores de vinhos. Durante seus estudos no Departamento de Viticultura da Universidade da Califórnia, ela descobriu que havia uma estrutura objetiva, cuja terminologia era amplamente aceita, segundo a qual um degustador de vinhos poderia descrever se uma amostra continha nuances aromáticas que lembrassem, por exemplo, "terra" ou mesmo "raposa molhada".

Aproveitando o caminho trilhado por Noble, o químico de leveduras dinamarquês Morten Meilgaard adaptou a roda do vinho à cerveja, estabelecendo um novo patamar descritivo sensorial à bebida. Sua roda original foi sendo aperfeiçoada nos anos 1970 por um grupo de estudos que incluiu organismos como a Associação de Mestres-Cervejeiros das Américas, a Sociedade Americana de Químicos Cervejeiros e a Convenção Cervejeira Europeia.

A Roda de Aromas é chamada também de Roda de Sabores, mas basta uma olhada de relance para constatar que nela há muito mais descrições aromáticas do que de sabor. De fato, a Roda é plausivelmente dividida entre "aromas", "gostos" e "texturas", ou "sensação na boca".

Detectar os aromas numa cerveja requer muita prática e estudo. Não espere que, nas primeiras experiências degustativas, você encontre de cara todos os aromas descritos por um profissional. Alguns aromas, aliás, às vezes estão em tão baixas concentrações na bebida que só são detectados por um número muito pequeno de pessoas com "narizes absolutos". E, tenha certeza, uma boa parte da vasta gama de aromas não será detectada por você de jeito nenhum, nem com muito treino. Isso porque todos os seres humanos já nascem geneticamente insensíveis a um ou outro aroma.

Se você quiser imprimir mais seriedade à brincadeira de degustar uma cerveja, tenha a Roda de Aromas sempre à mão ao abrir uma breja. Enquanto degusta, vá percorrendo todas as suas lacunas e, com atenção, tentando descobrir os atributos que sua cerveja possui. Você vai se surpreender a cada inspiração — e a cada gole.

ENFIM ELE, O SABOR

A sensação global que experimentamos advinda da junção do gosto e do aroma, do trabalho conjunto entre a boca e o nariz — como vimos, *principalmente* o nariz — é chamada de "sabor".

A fim de entender-se o sabor, é antes necessário explanar o que é o *gosto*. Ao contrário dos milhares de aromas que o nariz humano pode sentir, na boca, nosso palato e nossa língua foram projetados para distinguir apenas quatro sensações primárias, ou *gostos*: doce, salgado, azedo (ou ácido), amargo e uma quinta, mais recentemente descoberta, chamada de umami.

Até o século XIX, acreditava-se que a língua humana era dividida em "setores": no fundo, sentia-se o amargo; na ponta, o doce; nas laterais, o azedo, ficando o salgado com a região que compreendia a ponta e o começo das laterais até o limite do "setor" do azedo. Estudos recentes demonstraram que não é bem assim: a língua possui papilas gustativas (células sensoriais) em toda a sua extensão, e de forma geral todas podem transmitir ao cérebro as cinco sensações.

Talvez o gosto mais familiar aos humanos seja o doce. É, de longe, o que mais sentimos, e do que mais gostamos, desde bebês. Isso pode ter uma explicação evolutiva: os primeiros hominídeos relacionavam o doce à abundância de calorias necessárias à sua subsistência, no que não estavam errados.

Na cerveja o doce advém, principalmente, dos maltes a partir dos quais é elaborada e, em geral, quanto mais malte na receita, mais doce — e alcoólica — fica a breja. Estilos com maior potência alcoólica como Barley Wines, Scotch Ale, Doppelbock e Strong Ale belgas, não por acaso, são os mais doces do panteão de tipos de cerveja.

A sensação de doce, porém, pode não vir apenas dos açúcares da cerveja. Não raramente, nosso cérebro pode associar a mistura de aromas frutados, potência alcoólica e o próprio açúcar ao dulçor percebido na bebida.

As percepções de salgado derivam dos níveis de concentração de sódio, cálcio, potássio e magnésio que podemos sentir numa cerveja. Tais elementos são *carregados* pela água ao se fazer a cerveja, e acabam aparecendo na língua. A sensação de salgado é bem mais notada quando degustamos cervejas da "família" Lager, como as Pilsners.

Se você está lendo este livro e é um entusiasta de cerveja, muito provavelmente já experimentou uma cerveja de trigo (Weissbier), certo? Você pode não se lembrar ou pode ter-lhe passado despercebido, mas uma das primeiras sensações que você experimentou foi a salivação quase imediata. Isso tem uma explicação: nossas glândulas salivares foram desenhadas para encher a boca de saliva quando botamos nela algum alimento com o gosto mais ácido. E as cervejas de trigo, na maioria dos rótulos, são bastante ácidas.

Em geral, as cervejas de hoje possuem baixa acidez se comparadas às brejas antigas. Isso porque, antes de dominadas as técnicas modernas de fermentação, cervejas eram fermentadas espontaneamente, nelas se multiplicando o mais variado zoológico de bactérias e leveduras selvagens que o ar respirável pudesse lhes trazer. Isso fazia com que uma das principais características das cervejas dessas eras fosse o gosto azedo, ou o ácido.

Nos dias de hoje, mesmo com a fermentação "domada" pelos cientistas, ainda podemos experimentar alguns estilos de brejas hiperácidas elaboradas desde os tempos de antanho, como as Lambic e Fruit Beers. Todavia, mais recentemente, há uma importante movimentação de reavivamento, por parte dos cervejeiros artesanais norte-americanos, das chamadas *sour beers*, ou cervejas cujo aspecto principal é a acidez. Já provei algumas brejas dessa "nova safra", e posso dizer que são incríveis, repletas de sensações complexas.

Outro modismo cervejeiro é o apreço pelo amargo. Há vários anos, de dez degustadores que se interessam pelo mundo das cervejas artesanais, pelo menos nove querem sentir altas doses de amargor. Há quem diga que, da mesma forma que o tanino é a alma do vinho, o amargor é a alma da cerveja.

O grande responsável pelo amargor na cerveja é o lúpulo, como já mencionei — em linhas gerais, quanto mais lupulada uma cerveja, mais amarga ela é. Isso fez com que, entre os amantes das cervejas artesanais, surgissem os adoradores de lúpulo ou, em inglês, os *hopheads* (cabeças de lúpulo), que surgem nos festivais de cerveja, comuns nos Estados Unidos, com chapéus imitando o vegetal.

Seja como for, o gosto amargo nunca foi muito amigo dos primeiros hominídeos, que relacionavam o amargor à comida venenosa. Até hoje essa informação faz parte do nosso cérebro, especialmente o das mulheres, que são mais sensíveis aos gostos do que os homens. Talvez por serem as responsáveis por prover comida à prole, elas tenham desenvolvido mais resistência ao amargo do que os homens. Essa resistência pode ser comprovada empiricamente. Nos bares especializados mundo afora, não é nenhum sexismo ou demérito afirmar que nove entre dez mulheres que pedem indicações de cerveja, dizem gostar mais de cervejas doces.

Por razões mercadológicas que já discutimos quando falamos sobre o lúpulo, os brasileiros acham que odeiam cervejas amargas. No entanto, o apreço pelo gosto amargo numa cerveja, via de regra, tem de ser aprimorado lentamente, com o tempo e com as degustações contínuas. O gosto de uma cerveja mais amarga, para quem nunca provou cervejas com amargor mais acentuado, assemelha-se à sensação

experimentada quando se toma um vinho seco, quando se estava acostumado a tomar apenas vinhos docinhos. É muito mais fácil gostar do doce do que do amargo. Não defendo aqui que o degustador tem a obrigação de preferir cervejas amargas, mas é necessário, ao menos, acostumar-se com elas para entendê-las em sua plenitude de sensações, e somente depois tomar partido.

Entenda, ainda, que cada estilo de cerveja possui seu amargor característico. Assim, uma cerveja do estilo Fruit Beer quase não tem amargor, enquanto uma Imperial India Pale Ale foi desenhada para que o amargo seja sentido como o protagonista da história. Tudo é uma questão de diversidade. Viva a diferença!

E por falar em coisas diferentes, que diabos é *umami*? A palavra, que no idioma japonês quer dizer "delicioso", designa o quinto gosto básico do paladar humano. Foi incorporado em 2000 aos já conhecidos, após ter sido descoberto pelo químico nipônico Kikunae Ikeda, que comprovou que em nossa língua existem receptores específicos para umami. O gosto é proporcionado por pelo menos três elementos químicos: o glutamato, o inosinato e o guanilato. É encontrado, por exemplo, em alimentos como o queijo parmesão e alguns frutos do mar.

Antes, porém, de tentar decifrar exatamente o que se sente ao consumir algo com umami — eu sei, a definição é quase impossível —, relaxe: na cerveja, o umami é considerado, na esmagadora maioria dos casos, um sabor indesejável. Na cervejaria, o gosto é geralmente relacionado à autólise de leveduras, isto é: quando, manuseada de forma inadequada, a célula se autodestrói espontaneamente, na maioria dos casos liberando na breja alguns compostos de sabores e aromas desagradáveis.

Por fim, depois de corretamente degustada, com a observação e experimentação completa de todos os sentidos, é a hora de entender o que a breja deixou para você. É tempo de falarmos sobre o *retrogosto*, também chamado de *aroma de boca*, que consiste na sensação gustativo-olfatória final deixada pela cerveja na boca, após ser deglutida. Ele é percebido por meio da aspiração do ar pela boca, o que provoca sua passagem pela nasofaringe (comunicação entre a boca e o nariz) e a consequente estimulação dos receptores olfatórios. Prestando atenção ao retronasal, é possível que você se surpreenda com aromas não sentidos durante a degustação.

CORPO, TATO E OUTRAS SENSAÇÕES

Há muito tempo, vi um comercial de cerveja na TV no qual um sujeito erguia o copo da cerveja, em triunfo, e, olhando-o, antes de beber, exclamava de boca cheia que aquela breja era *encorpada*. De fato, por falta de informação, desenvolveu-se entre alguns bebedores de cerveja do país a noção equivocada de que, caso uma cerveja seja diferente daquela "tipo Pilsen" a que está acostumado, essa cerveja é *encorpada*. O termo "encorpada", aliás, é recorrente na boca de quem quer fazer-se de especialista nos bares afora. O que você achou dessa cerveja? Ah, essa cerveja é boa, *encorpaaada!*...

Mas o que vem a ser, efetivamente, o corpo da cerveja? Aqui vai uma explicação muito simples em forma de analogia: a água da torneira tem pouco corpo; já um achocolatado é muito encorpado. Percebeu?

Trocando em miúdos, corpo é a sensação aparente de densidade de uma breja. Se o líquido for menos denso (como uma Pilsen, por exemplo), tem corpo fraco. Já uma cerveja no estilo Russian Imperial Stout, preta como a noite e de textura densa, essa, sim, é *encorpaaada*!

E como se afere o corpo da cerveja? Só na boca, amigo. Nunca somente com os olhos. É por isso que a propaganda na TV a que me referi logo no início refletia uma ignorância sem tamanho.

Outras sensações de boca proporcionadas pela cerveja também devem ser analisadas pelo degustador atento. Uma cerveja é adstringente quando provoca aquela sensação de aspereza e "amarração" da boca, como os taninos dos vinhos. Ela é mais ou menos carbonatada — ou frisante — quando possui menos ou mais gás carbônico. A breja também pode ter tato licoroso, aveludado, "xaroposo", oleoso, cremoso... As terminações vão longe, e suas definições ficam ao sabor das analogias.

DEGUSTAÇÃO

QUANDO A CERVEJA TEM DEFEITOS

Por melhor que seja o mestre-cervejeiro e por mais apuradas e cuidadosas que tenham sido as técnicas de fabricação, é bastante possível que algo na elaboração da cerveja venha a dar errado. Ou, caso a cerveja tenha saído tinindo de boa dos tanques da cervejaria, ainda pesa sobre ela o perigo de contrair algum defeito na estocagem — nos depósitos da fábrica ou fora dela — ou até no transporte. Cervejas são mais degradáveis que leite. E mais suscetíveis a defeitos quanto maior for a delicadeza do seu estilo.

A lista de suscetibilidades não para por aí. Exceto pelas cervejas mais estruturadas, a esmagadora maioria das brejas foi projetada para ser consumida enquanto jovem, com pouco tempo de fabricação. Assim, a longa estocagem pode comprometer seus melhores atributos e presenteá-la com odores e sabores desagradáveis.

Aqui há espaço para uma dica importante: se precisar guardar uma cerveja, estoque-a na posição vertical (em pé), em local arejado e ao abrigo da luz e das bruscas variações de temperatura. Mas, de acordo com o escritor cervejeiro Michael Jackson, "se vir uma cerveja, faça-lhe um favor e beba-a; a cerveja não foi feita para envelhecer".

Foi o mesmo Jackson que lapidou outra frase famosa: "Se julgarmos a cerveja exclusivamente pelos seus pontos fracos ou seus defeitos, nunca vamos tomar a melhor cerveja, e sim a menos pior." A não ser que esteja realmente intragável, ou que você esteja julgando brejas em algum concurso, ou ainda seja um profissional pago para isso, ficar "caçando" defeitos escondidos numa cerveja é, definitivamente, ocupação de cervochatos. Cervejas foram feitas para ser desfrutadas.

De qualquer forma, é interessante que você compreenda os defeitos mais comuns da cerveja, bem como suas causas. Vamos a eles.

DIMETILSULFETO OU DMS

Caracteriza-se por aquele cheirinho desagradável de milho cozido na cerveja. Mais comum nas Pilsners, o defeito é causado principalmente por problemas na fervura do mosto cervejeiro ou por contaminação por bactérias. Em níveis bem leves, é aceitável em alguns estilos, incluindo o Pilsen.

DIACETIL

Não se trata propriamente da cerveja amanteigada dos livros de Harry Potter, mas, em tese, é parecida: a breja apresenta um aroma que se assemelha ao da manteiga rançosa. O composto é produzido naturalmente pela levedura durante a fermentação e eliminá-lo é um grande desafio dos cervejeiros. Assim como o DMS, é tolerável se for apenas levemente sentido em alguns estilos e, mais uma vez, o Pilsen é um deles. A primeira cerveja Pilsen do mundo, a Pilsner Urquell, possui diacetil em níveis perceptíveis — e a característica se tornou uma das marcas registradas daquela que é, segundo alguns, a melhor Pilsen do mundo.

ÁCIDO ISOVALÉRICO

Quando a cerveja apresenta um incômodo cheiro de queijo — ou, sendo mais escatológico, de chulé mesmo. Acontece quando, na cervejaria, os lúpulos sofrem oxidação antes mesmo de serem utilizados na cadeia produtiva.

PAPEL OU PAPERY

Causado pelo composto químico trans-2-nonenal, é quando a breja tem gosto, adivinhe, de papel. Trata-se de uma oxidação que pode ter várias causas; deixar a breja guardada por tempo demais ou estocá-la em temperaturas altas são as principais delas.

METÁLICO

Parece que tinha uma moeda dentro da garrafa da sua cerveja, ou sentiu um incômodo gosto de ferro ou sangue? Pode ser um defeito no tratamento da água cervejeira. Ou então, observe a tampinha da garrafa que você acabou de abrir: ela pode estar oxidada.

LIGHTSTRUCK

O composto 3-metil-2-butano-1-tiol é causado pela incidência de luz durante a estocagem das garrafas de cerveja — os raios ultravioleta causam reações químicas no líquido, as quais desencadeiam o defeito. Caracteriza-se por um amargor excessivo na cerveja, que definitivamente é diferente do amargor característico do lúpulo. Alguns relacionam o defeito ao cheiro de gambá — mas eu acho que aí também já é demais. Uma garrafa de cerveja exposta à luz pode desenvolver *lightstruck* em poucos minutos. Não é à toa, aliás, que a maioria delas possui coloração escura. As garrafas transparentes pertencem a dois tipos: o das cervejas cuja formulação foi modificada a fim de resistir aos efeitos da luz, e aquelas que não se importam em entregar cerveja com *lighstruck* ao consumidor. Sabe aquela fatia de limão que servem a você no gargalo de algumas cervejas de garrafa transparente? Pois é, serve justamente para disfarçá-lo.

CLOROFENOL

Cerveja com gosto de esparadrapo, band-aid ou remédio? Acontece quando a água utilizada na fabricação da cerveja — ou a da própria sanitização — possui altas concentrações de cloro.

ÁCIDO ACÉTICO

É a cerveja com cheiro e gosto de vinagre, azeda mesmo — aliás, acético vem do latim *acetum* ou azedo. Ocorre principalmente por causa da contaminação bacteriana na cerveja após a fervura.

Cuidei de relacionar aqui acima apenas os defeitos mais comuns encontrados em cervejas. Há, porém, centenas deles. Atualmente, existem alguns profissionais ministrando interessantes cursos de gestão sensorial no Brasil, utilizando substâncias químicas simuladoras de defeitos como ferramentas. Em forma de pó ou líquidas, essas substâncias são misturadas numa cerveja Standard Lager comum — e, por isso, naturalmente com pouco sabor e aroma —, imitando os chamados *off-flavours* das brejas, em níveis bem maiores do que o limite mínimo da percepção humana. Esses treinamentos, se ministrados por profissionais cervejeiros sérios, são um fascinante meio para entender um pouco mais sobre cerveja.

Tenha em mente, entretanto, o manjado ditado popular: quem procura, acha. Se você acreditar em fantasmas e estiver sozinho num ambiente sombrio e soturno, certamente um deles virá bater um papo. Da mesma forma, se você começar a degustar a sua cerveja procurando por um defeito, com certeza o achará — mesmo que ele, de fato, não exista. Entenda que degustar uma cerveja é procurar *antes* pelas suas qualidades. Os defeitos, ora os defeitos... São dignos de nota apenas se transformarem o seu prazer em suplício.

CERVEJA E COMIDA: MUITO ALÉM DA AZEITONA E DO AMENDOIM

Se até agora você só combinou cerveja com porções de amendoim japonês, azeitonas ou, no máximo, coxinha de frango, saiba que você perdeu um tempo enorme na vida. Mas não foi culpa sua. Você — assim como eu, por um longo tempo — simplesmente aderiu à percepção global de que cerveja não combina com pratos mais elaborados, incluindo sobremesas.

Essa percepção tem raízes históricas. Já dissemos que, com o domínio do Império Romano, a cerveja passou a ser considerada, pelo mundo "civilizado" — e isso queria dizer, naqueles tempos, as pessoas que estavam dentro dos muros dos césares —, como uma bebida marginal, só consumida pelos barbados bárbaros feios, sujos e malvados. Assim, nos banquetes promovidos pela nobreza e pela aristocracia daquela época, apenas o vinho era bem-vindo.

Só há pouco tempo, com o aumento do interesse geral pelos diferentes estilos de cerveja, é que a harmonização de brejas com comida passou a ser estudada pelos gastrônomos — depois de estes terem descoberto, estupefatos, que a cerveja é muito mais versátil do que o vinho para escoltar desde os pratos mais simples até os mais sofisticados.

Assim, é injusto reservar somente ao vinho toda a *brincadeira* da harmonização com comida. Afinal, o vinho não possui uma variedade tão ampla de estilos, ao passo que a cerveja tem dezenas deles. Por que cerveja com comida? Porque cerveja *é* comida! A cerveja contém cereais, é cozida, possui fermento e ainda chega trazendo uma porção de simpáticos aromas e sabores.

Por que a cerveja? Porque elas possuem enormes variações entre seus estilos em inúmeros aspectos: força ou suavidade alcoólica, amplas gamas de dulçores e amargores, maior ou menor acidez, aromas e sabores herbáceos, frutados, condimentados, caramelados, tostados, florais. Suas texturas podem ir da aguada, passando pela adstringente, seca e chegar até às aveludadas e licorosas.

Por que a cerveja? Porque a imensa maioria dos vinhos não possui um atributo que quase toda cerveja tem: a carbonatação, ou o frisante, sensação na língua proporcionada pelo gás carbônico. A carbonatação tem poderes mágicos: corta a oleosidade dos pratos mais gordurosos e limpa o palato para a próxima garfada.

No mundo, o país que mais cultiva tradições em harmonizar cerveja com comida é a Bélgica. Graças à sua enorme variedade de estilos, a harmonização com brejas tornou-se já há muito tempo uma obsessão nacional. A partir das experiências dos belgas, hoje uma miríade de *chefs* internacionais vêm se lançando a criar pratos especiais para harmonizar com um determinado estilo, ou até mesmo com um rótulo de cerveja em específico. Cada vez mais há restaurantes disponibilizando cartas de cervejas pensadas para harmonização com os pratos servidos. Aqui no Brasil, esse movimento ainda é tímido, mas crescente.

Para tirar o maior proveito da cerveja harmonizada com o prato, devemos identificar os ingredientes presentes na receita e as características de base da cerveja, combinando-os de forma a que nenhum se sobreponha ao outro. As harmonizações são sempre por:

> **CORTE:** quando, por exemplo, os elementos da breja, como carbonatação e amargor, "quebram" a gordura presente no prato, limpando o paladar para a garfada seguinte;
>
> **CONTRASTE:** quando as características diferentes entre o prato e a cerveja acabam por valorizar ambos;
>
> **SEMELHANÇA:** quando prato e cerveja possuem elementos sensoriais assemelhados e agregam sensações reciprocamente, de modo que as qualidades de ambos sejam ressaltadas.

Harmonização de cerveja com comida é uma atividade total e completamente inexata. Cada novo teste pode nos trazer enormes surpresas recheadas de inúmeras possibilidades. Não existem, absolutamente, as "harmonizações perfeitas", e sim boas escolhas, que podem agradar a uns e desagradar a outros. De qualquer modo, há algumas regras que, em linhas gerais, podem aproximar melhor a sua harmonização de um *senso comum*.

Para início de conversa, pense nas cervejas da família Ale como vinhos tintos, e nas da família Lager como vinhos brancos. Como as Ale são fermentadas em temperaturas mais altas, normalmente apresentam aromas e sabores mais variados e complexos. As Lager, por serem fermentadas em temperaturas mais baixas, são normalmente mais leves, com aromas e sabores mais suaves. Outro comparativo válido é pensar em cervejas mais amargas como se fossem vinhos bem ácidos ou com bastante tanino.

DEGUSTAÇÃO

Uma informação quase óbvia e intuitiva: cervejas leves acompanham comidas leves ou frutos do mar. Nesse caso, o ideal é recorrer às cervejas de trigo ou às tradicionais Pilsner. Por outro lado, cervejas mais robustas, intensas e encorpadas harmonizam melhor com comidas mais pesadas e gordurosas, como carne com molho intenso, por exemplo. Nesse caso, recomendam-se cervejas bastante lupuladas, carbonatadas e com alto teor alcoólico.

Cervejas escuras recebem essa cor por causa dos maltes mais tostados — e, por conseguinte, mais escuros. Elas têm um sabor mais tostado e, algumas vezes, mais adocicado, o que as faz combinar bem com os mesmos sabores das comidas bem assadas ou grelhadas.

Quanto mais picante for a comida, mais lupulada e amarga deve ser a cerveja. O lúpulo consegue cortar bem o efeito das pimentas, permitindo que você consiga sentir melhor os sabores tanto do prato quanto da cerveja.

Deixe que o lugar onde você se encontra seja o seu guia. Cervejas e comidas originárias do mesmo país ou região quase sempre funcionam bem juntas.

É importante ter atenção especial à sequência em que são consumidas as cervejas. Se você planeja degustar brejas de diferentes estilos, prefira começar com as mais leves, tanto em sabores quanto em álcool, evoluindo para cervejas mais complexas e encorpadas no final. O mesmo vale para cervejas secas e doces. Comece pelas secas. O objetivo é que os sabores mais intensos não atrapalhem ou se sobreponham aos sabores mais leves. Essa prática também evita que você se sinta "pesado" ou sonolento logo no início da harmonização.

Sobremesas? As cervejas são verdadeiramente as rainhas dessa harmonização — ao contrário dos vinhos, aliás. Experimentar uma sobremesa à base de chocolate harmonizada com uma cerveja mais adocicada e com maltes mais tostados — como uma Stout, por exemplo — é algo de instituir feriado. Receitas doces à base de frutas devem ser testadas com Fruit Beers.

Para acabar de matar você no mar de saliva no qual você se encontra imerso neste exato instante, que tal sugerirmos algumas harmonizações, de acordo com os estilos de cerveja?

Azeitonas	Bière de Garde Belgian Tripel
Bacalhau	Weissbier Pilsen
Banana (base para sobremesas)	Porter Weissbier Fruit Beer
Filé bovino grelhado	Altbier American Brown Ale
Brownie	Porter Stout Russian Imperial Stout Imperial Porter

DEGUSTAÇÃO

Camarão	Weissbier Witbier Saison Bière de Garde
Carpaccio	Belgian Pale Ale German Weizenbock Irish Red Ale
Cheesecake	Fruit Beer Sweet Stout
Chocolate	Sweet Stout Imperial Porter Imperial Stout Fruit Beer (framboesa ou cereja)
Churrasco	Rauchbier
Cogumelos (em geral)	Doppelbock Munich Dunkel Robust Porter English Brown Ale
Frango assado	Munich Dunkel American Pale Ale
Feijoada	Rauchbier Schwarzbier Doppelbock American Brown Ale
Fondue de queijo	Doppelbock Barley Wine
Hambúrguer	American Amber Ale American Pale Ale India Pale Ale
Lagosta	Weissbier Bohemian Pilsner
Mexilhões	Witbier Saison Lambic Gueuze

Ostras	Dry Stout German Pilsner Weissbier
Paella	Belgian Golden Strong Ale Bière de Garde
Presunto cru	Schwarzbier Dry Stout
Salada de folhas verdes	Bohemian Pilsner German Pilsner Weissbier Witbier
Salame	German Pilsner Dry Stout
Salmão	Weissbier Witbier
Salsichas alemãs	German Helles German Pilsner Weissbier
Sushi	Witbier Weissbier
Vitela	Munich Dunkel

Achou alguma harmonização com a qual, teoricamente, não concorda? Entendo perfeitamente. Mesmo entre *chefs*, *gourmets* e outros *experts* em gastronomia nunca há consenso, e muitas vezes as diferenças de opinião e conceito entre alguns deles provocam celeumas.

Deixe o seu próprio paladar ser seu guia. Assim como a degustação de uma cerveja requer a máxima atenção, a harmonização a pede em dobro. Uma harmonização não deu certo? Tente aproximar melhor da próxima vez! Como eu já explanei, não há regras exatas. O único mandamento é que você tente, sem cessar. Essa é a graça.

A CERVEJA NO BRASIL

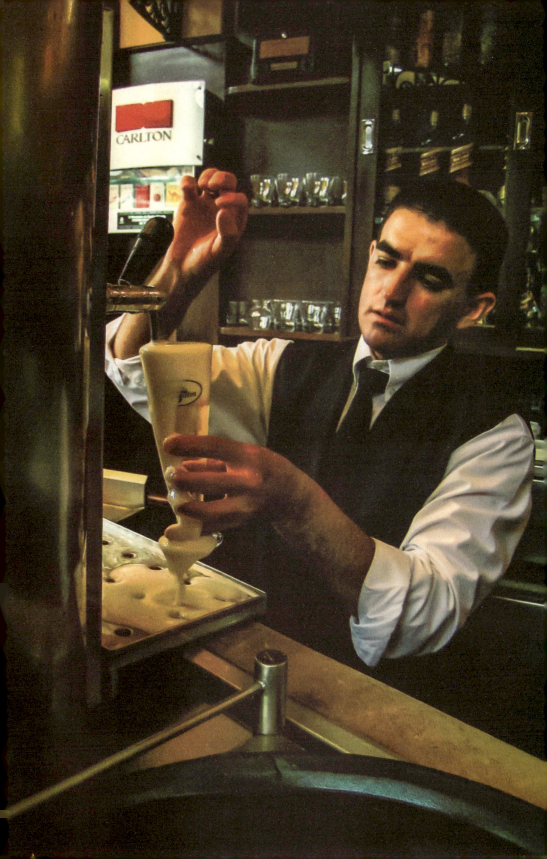

> Os urubus foram deitar, pensando em fazer chicha.
> O milho era deles, o feijão, a taioba, a fava.
> Faziam chicha de todos esses produtos.
> Macaxeira e cará não tinham. Só tinham grãos.
> Os urubus estavam fazendo muita chicha, porque queriam matar Nonombziá.
> Iam tomar a chicha e aspirar rapé na festa, comer a carne de Nonombziá.
> Mas Nonombziá já sabia, embora ninguém falasse com ele, tinha conseguido descobrir com uma mulher urubu.*

A primeira cerveja do Brasil era feita de milho mastigado e depois cuspido. Quem já experimentou a beberagem — feita até hoje em vários aldeamentos da América do Sul e chamada de caium — diz que tem gosto de leite azedo. Do lado do Pacífico, os povos andinos chamam

---

* Mito dos índios Jabutis sobre o roubo do feijão e do milho por Nononbziá, entidade lendária criadora daquele povo indígena.

a bebida de *chicha*. Enojado? Pois saiba que o mesmo princípio era utilizado em tempos imemoriais pelos japoneses para fazer saquê.

Pois bem, para variar, quem fazia esse trabalho de preparar a cerveja indígena eram as mulheres — os homens não se envolviam por achar, provavelmente com razão, que se o grão fosse mastigado por eles, a cerveja não ficaria boa. Na preparação do caium, a mastigação do milho previamente cozido (havia também variações com mandioca) fazia com que as enzimas de saliva convertessem a pasta em açúcares fermentáveis — o mesmo princípio usado hoje no cozimento dos maltes cervejeiros. Posta para cozinhar, a mistura de milho mascado e água era colocada em potes de barro para fermentar.

Quando os portugueses chegaram às praias brasileiras e foram conhecer as ocas, depararam-se com povos que não eram apenas guerreiros e hostis; as grandes festas faziam parte do cotidiano dos índios, nas quais o caium era largamente consumido. Considerando que milho e mandioca sempre cresceram abundantemente em suas terras, os indígenas faziam a cerveja o ano todo, em qualquer estação. Segundo registros históricos confiáveis, mais de trinta potes grandes de caium poderiam ser entornados em cada rega-bofe, e "nem o alemão, nem o flamengo, nem os soldados, nem o suíço; quer dizer, nenhum desses povos da França, que se dedicam tanto ao beber, vencerá os americanos nesta arte",[*] escreveu o missionário francês Jean de Léry, em viagem a estas paragens no século XVI. Embora tenha assinalado excessos etílicos entre os índios, Léry se prontificou a defender a bebida, usando um argumento no mínimo interessante:

> Para esses leitores que repudiam a ideia de beber o que outra pessoa mastigou, deixe-me lembrá-los como nosso vinho é feito pelos camponeses, que amassam as uvas com os pés, às vezes usando botas; algo que pode ser menos agradável que a mastigação de mulheres americanas. Assim como dizem que a fermentação purifica o vinho, podemos assumir que aquele caium se limpa também.

[*] Léry, Jean de. *Viagem à terra do Brasil*. Belo Horizonte: Garnier-Itatiaia, 2007.

Porém, ao que tudo indica, a admiração do francês não foi compartilhada pelos colonizadores portugueses, de tradições vinícolas. A segunda cerveja a aparecer em solo brasileiro não foi nem indígena nem portuguesa. Em 1630, uma armada da Companhia Holandesa das Índias Ocidentais bloqueou o litoral pernambucano e desembarcou um exército que conquistou as cidades de Olinda e Recife. Era o início da ocupação holandesa em Pernambuco, a qual teve o conde Maurício de Nassau como protagonista. Relatos dão conta de que Nassau trouxe com ele um certo cervejeiro chamado Dirck Dicx, bem como a planta de uma cervejaria, a qual chegou a ser montada em 1640 numa residência de Recife.

A ocupação holandesa se encerrou em 1654, e os europeus levaram as cervejas consigo. Ninguém lamentou. Até cerca de 1830, a bebida brasileira mais popular era a cachaça, seguida dos vinhos portugueses — a demora da introdução da cerveja no país foi justamente a resistência portuguesa, a qual temia ver desprestigiado o comércio dos vinhos lusitanos. Outra bebida popular era a gengibirra, esquisitice feita de água, casca de limão, farinha de milho e gengibre.

Depois da expulsão dos holandeses do litoral pernambucano, a cerveja ficou sumida do território nacional por inacreditáveis 150 anos.

A ERA DAS CERVEJAS "MARCA BARBANTE"

A situação começou a mudar na vinda da Família Real portuguesa em 1808, fugindo das tropas de Napoleão, que ameaçavam empalar todos os portugueses que tivessem sangue azul e morassem em palácios. Consta que o rei português D. João VI era um apreciador da bebida, e teria trazido vários tonéis de brejas em suas naus.

Logo ao chegar, D. João abriu os portos brasileiros às nações amigas, abolindo o até então monopólio comercial lusitano. Entendamos, porém, que, àquela altura dos acontecimentos, com a Europa em guerra assolada por Napoleão, apenas uma nação se beneficiou na prática da abertura comercial: a Inglaterra, aliada dos portugueses, que praticamente monopolizava o comércio com o Brasil. Assim, é lícito imaginar que as primeiras cervejas comercializadas em solo brasileiro foram as inglesas.

Até por volta de 1830, os anúncios comerciais nos jornais da época referiam-se exclusivamente à venda da bebida, nunca à sua produção. Data de 1836 a primeira propaganda de uma cerveja fabricada no Brasil, publicada no *Jornal do Commercio*, do Rio de Janeiro. Observe a pérola:

> VENDE-SE na rua de Matacavallos, n. 90, e rua Direita número 86, a cerveja brazileira acolhida favoravelmente e muito procurada. Esta saudavel bebida reune a barateza a hum sabor agradavel e à propriedade de conservar-se muito tempo, qualidades estas que serão mais apreciadas à medida que o uso da dita cerveja se tornar mais geral. Comprão-se as garrafas vazias a 60 rs. cada huma.

Foi apenas a partir da década seguinte, que imigrantes europeus começaram a se utilizar de mão de obra livre e escrava para produzir cerveja, em pequena escala, destinada aos comércios locais. A primeira linha de produção cervejeira de que se tem registro coube ao alemão Georg Heinrich Ritter, o qual instalou em 1846 sua pequena fábrica na cidade de Nova Petrópolis (RS). A partir daí, novas cervejarias familiares foram surgindo em Joinville (SC), Porto Alegre (RS), Niterói e Petrópolis (RJ), além de outras na cidade do Rio de Janeiro, então capital da colônia. De qualquer forma, fazer um estudo histórico sério sobre as primeiras cervejarias brasileiras é tarefa dificílima, já que as produções, quase caseiras, muitas vezes sequer possuíam rótulos ou então eram acondicionadas em barris sem identificação de origem. Escarafunchar os primórdios da história cervejeira brasileira é um garimpo inglório de uma história nem sempre escrita, a qual se confunde, com o passar dos anos, em não documentadas falências, fusões, aquisições ou simples sumiço de cervejarias sem deixar pistas.

As primeiras cervejas brasileiras da gema eram chamadas jocosamente pela população de "marca barbante", por causa do seu método rudimentar de produção. Tinham um grau tão alto de fermentação que produziam enorme quantidade de gás carbônico dentro das garrafas.

O jeito, então, era improvisar: as rolhas eram presas com barbante a fim de que não saltassem e inadvertidamente atingissem e ferissem o incauto botequeiro. Daí, o nome genérico.

Fosse como fosse, pequenas cervejarias geralmente tocadas por imigrantes ou descendentes de europeus — principalmente alemães — foram vicejando pelo país. Em 1880, a cidade catarinense de Blumenau contava com o número espantoso de nove fábricas de cerveja. Esse desenvolvimento não foi apenas industrial. No sul do país, esses imigrantes reproduziam seus costumes de origem, de modo que as mulheres faziam as vezes de cervejeiras da família, como na Alemanha rural.

Em 1853, o colono alemão Heinrich Kremer fundou a Cervejaria Bohemia, na região de Petrópolis (RJ), a qual tinha como sistema de distribuição charretes e carros de boi. O controle acionário da companhia foi passando por várias mãos ao longo das décadas seguintes, até ser adquirido, em 1961, pela Companhia Antarctica Paulista — da qual falaremos na próxima seção — e mais tarde se tornou parte da gigante multinacional AB InBev.

Fachada da Cia. Cervejaria Bohemia, início do século XX.

Até hoje, a cerveja Standard Lager Bohemia informa em seu rótulo tratar-se da "primeira cerveja brasileira". Não é tecnicamente verdade, como já foi visto. A Bohemia pode, isso sim, ser o rótulo mais longevo da história cervejeira nacional, a despeito das inúmeras mudanças de formulação ao longo do tempo que, muito provavelmente, descaracterizaram o produto original.

O IMPÉRIO DAS GRANDES CERVEJARIAS

A grande guinada na indústria cervejeira brasileira começou a ser dada em 1885 e teve palco em um cenário nada cervejeiro. O empresário Joaquim Salles possuía um abatedouro de porcos no bairro paulistano da Água Branca e, junto dele, uma fábrica de gelo, na época, com capacidade ociosa. A oportunidade despertou o interesse do

Caminhão da Cervejaria Brahma transportando barris de cerveja, década de 1920.

cervejeiro alemão Louis Bücher, que por sua vez tinha, desde 1868, uma pequena cervejaria. Da associação dos dois nasceu, em 1888, a cervejaria Antarctica, cujo nome, em alusão ao continente gelado, é uma singela homenagem à fábrica de gelo de Salles.

Primeiro rótulo da cerveja Brahma.

Era uma mudança e tanto, já que se tratava da primeira cervejaria com tecnologia para produzir cervejas Lager. Era, também, uma das primeiras a adotar rótulos como regra em suas garrafas.

A Companhia Antarctica Paulista foi uma das grandes cervejarias nacionais por mais de um século, até fundir-se, em 2000, com a Companhia Cervejaria Brahma. Antes de isso acontecer, a Antarctica já tinha adquirido outras marcas nacionais até hoje em circulação, como os rótulos Bohemia, Bavaria, Original, Polar e Serramalte, todas que hoje fazem parte do portfólio do grupo belgo-brasileiro AB InBev.

A Brahma, por sua vez, teve origem também em 1888, mesmo ano em que nasceu a Antarctica, quando o engenheiro suíço Joseph Villiger resolveu abrir sua própria fábrica de cerveja na cidade do Rio de Janeiro, então localizada na rua Visconde de Sapucahy, atual Marquês de Sapucaí (ela mesma, a rua do Sambódromo carioca). Os números já eram grandes para a época: a fábrica contava com 32 funcionários e produzia 300 mil litros de cerveja por mês. Seu nome era Manufactura de Cerveja Brahma Villiger e Companhia.

Até hoje não se sabe o real motivo pelo qual Villiger batizou de Brahma a sua cerveja. As três versões da história contam razões diferentes. Na primeira e mais aceita delas, sustenta-se que o suíço nutria simpatia pela cultura indiana, de modo que nomeou a cerveja em homenagem à deusa hindu. Outra versão

Rótulo de 1920 da cervejaria Antarctica.

Rótulos de cervejas brasileiras do início do século XX.

conta que Villiger era amante incondicional do compositor alemão Johannes Brahms; já a terceira diz que seria homenagem ao inglês Joseph Brahma, inventor da válvula extratora da cerveja em barris.

A Companhia Cervejaria Brahma surgiu em 1904, resultante da fusão da empresa de Villiger com a Cervejaria Teutônia, então com sede na cidade de Mendes, na região serrana do Rio de Janeiro. Já por essa época, a cerveja ganhava notoriedade entre a população, e as vendas aumentaram sensivelmente.

A Brahma se aproveitou da súbita explosão e deu origem a uma prática que hoje é regra entre as grandes cervejarias: o investimento massivo em marketing. Alguns belos cartazes clássicos dos vários rótulos lançados pela companhia ficaram marcados no tempo pelo apuro técnico e estético, denotando que as cervejarias, a partir de então, não mais focariam seus capitais apenas em insumos, equipamentos e tecnologia.

A partir de então, muito dinheiro foi e vem sendo gasto com o objetivo de criar afinidade entre as grandes empresas cervejeiras e seus clientes. Em 1934, graças à marchinha "Chopp em Garrafa", composta por Ary Barroso e interpretada nas rádios por Orlando Silva, o rótulo Brahma Chopp já era o mais consumido no país.

A despeito da extensa sucessão de outras cervejarias que foram sendo criadas e extintas durante este período — em 1913 existiam, apenas no Rio Grande do Sul, 134 cervejarias —, as cervejarias Antarctica e Brahma faziam a dobradinha São Paulo-Rio de Janeiro quando se falava em grandes indústrias cervejeiras. As duas empresas foram crescendo, criando filiais em todo o território nacional. A Brahma engolfou outras cervejarias menores, como Continental, Astra, Ouro Fino, Skol e Caracu. As duas Grandes Guerras não afetaram esse crescimento.

O século XX transcorreu em céu de brigadeiro para as cervejarias graças à crescente popularidade da cerveja. Em 1966, foi inaugurada em Belém (PA) a Cervejaria Paraense, dona do rótulo Cerpa; em 1982, a Cervejaria Kaiser (hoje controlada pelo grupo holandês Heineken); em 1983, a Belco (Botucatu-SP). Seguiram-se outras: em 1984, a Malta (Assis-SP); em 1987, a Krill (Socorro-SP); em 1988, a Xingu (Toledo-PR, hoje também controlada pela Heineken); e, em 1989, a fábrica de refrigerantes Primo Schincariol (Itu-SP) passou também a fabricar cerveja. Já em 1994, a Cervejaria Petrópolis criou o rótulo Itaipava; em 1997, surgiu a Cintra (Mogi-Mirim-SP); e, em 2000, a Belco iniciou suas atividades em Cabo (PE).

Essas e várias outras cervejarias brasileiras dedicaram-se principalmente, a exemplo da Brahma e da Antarctica, a fazer cervejas Standard Lager, guardadas algumas poucas exceções de estilo (cervejas "escuras", de trigo, Malzbiers, Bocks e Helles).

O maior grupo cervejeiro do mundo começou a tomar forma em 1999, quando a Companhia Cervejaria Brahma e a Companhia Antarctica Paulista fundiram-se para formar a AmBev (Companhia de Bebidas das Américas). Embora o CADE (Conselho Administrativo de Defesa Econômica) permitisse a fusão com a condição de o novo grupo desfazer-se da marca Bavaria (vendida para a canadense Molsons Inc.), a AmBev já nasceu como a quinta maior empresa de bebidas no mundo. Já em 2004, a AmBev fundiu-se com o grupo belga Interbrew, passando a chamar-se InBev. Nem deu tempo de o novo nome pegar e já teve de

Anúncio da cerveja Skol.

ser de novo trocado; em 2008, a InBev adquiriu a maior cervejaria dos Estados Unidos, a Anheuser-Busch, e passou a atender pelo nome de AB InBev, hoje a maior cervejaria do planeta.

Embora o grupo detenha em seu portfólio cervejas multiestilos clássicas como as belgas Leffe e Hoegaarden e a alemã Franziskaner, quase a totalidade das vendas vem mesmo dos rótulos Standard Lager como Budweiser, Brahma, Skol, Antarctica e outras do mesmo estilo.

Principalmente por causa das grandes cervejarias, hoje o Brasil ocupa um honroso posto entre os dez maiores países em produção anual, ao lado de gigantes como China, Estados Unidos, Alemanha e Rússia.

OS TORCEDORES DE RÓTULOS

Torno a falar de um dos mais importantes ingredientes das grandes cervejarias além de água, malte, lúpulo, fermento e cereais não maltados: a propaganda. Há muitos anos assisti, em horário nobre na TV, a uma campanha publicitária de uma cerveja popular de massa. Tratava-se de um filme "estrelado" por um pagodeiro muito famoso, o qual entoava um samba cuja letra é a que segue:

> De manhã cedo eu me benzo, me levanto e vou trabalhar, tudo o que eu tenho nessa vida, eu conquistei e tive que ralar
>
> Do meu pai e da minha mãe aprendi o que eu sei, e os meus filhos vão herdar o nome limpo que eu herdei, não sou barão, mas me sinto um rei porque tenho um lar
>
> E no final daquele dia duro de batente, é a hora da minha Brahma que também sou gente, a vida não tem graça sem ter os amigos e o que celebrar
>
> Eu sou brahmeiro, amor, eu sou brahmeiro, sou do batente, sou da luta, sou guerreiro, eu sou brasileiro

Gente feliz trabalhando acompanhava o pagode, posando ao lado do carro que conquistou "ralando" e batendo orgulhosamente no peito ao final do pegajoso refrão. Do ponto de vista puramente publicitário, reconheça-se, o filme era genial. Se você era trabalhador, honesto, guerreiro, tinha um lar, amigos, motivos para celebrar e era brasileiro, automaticamente era bebedor daquela cerveja.

Pois bem, não chego ao desplante paranoico de afirmar que o comercial prestou um desserviço à nascente cultura cervejeira nacional, mas a campanha certamente serviu para fomentar o recrudescimento de uma interessante espécie da fauna bebedora de cerveja nestas plagas: a do "Torcedor de Rótulo".

Você encontra o torcedor de rótulo em qualquer lugar. No bar, ele briga com você para provar que a cerveja que ele bebe é a melhor do universo. O torcedor de rótulo, a exemplo do comercial mencionado, não discute a qualidade dos ingredientes da sua cerveja. Não se preocupa se ela, afinal, tem gosto de cerveja. Basta-lhe a embalagem bacana, o sambinha da campanha, alguma mensagem "inclusiva", os jogadores de futebol com cabeleiras e/ou panças milionárias.

Não dá para demonizar o comercial. Pelo contrário, trata-se de uma peça magistral, que em trinta segundos transmitiu a mensagem a que se propôs: fazer com que o consumidor se identificasse incondicionalmente

Rótulos clássicos da cerveja Brahma.

com a marca, com o rótulo, sem nem sequer resvalar para a qualidade — ou não — do produto e dos insumos. Não interessa à maioria das grandes indústrias cervejeiras mostrar ao consumidor do que são feitas as suas cervejas "do coração". O objetivo, portanto, é o apelo de massa.

ENTÃO A PROPAGANDA É MESMO A ALMA DO NEGÓCIO?

Os leitores mais velhos devem se recordar com nostalgia dos Cigarrinhos de Chocolate ao Leite Pan, cuja embalagem reproduzo abaixo.

Lembra deles? Estampado na caixa, que imitava uma cigarreira, o garotinho sorridente exibe um cigarrinho entre os dedos. Em seu interior, em vez de tabaco, havia barrinhas roliças de chocolate embrulhadas em papel com desenho de cigarros de verdade. Fizeram sucesso até o final dos anos 1980.

Houve gente dizendo que se tratava de uma conspiração pavloviana das indústrias de cigarros para arrebatar, já na infância, milhões de consumidores tabagistas, associando o cigarro à imagem de inocência e alegria das crianças. Eu mesmo, de "calças curtas", adorava imitar o ato "adulto" de fumar com os Cigarrinhos Pan, sempre a mim presenteados, veja só, pela minha mãe.

Clássicos cigarrinhos de chocolate da Pan.

Nos dias de hoje, após o *apartheid* antitabagista deflagrado pelos norte-americanos e acompanhado pelo resto do mundo, se fossem colocados nas gôndolas dos supermercados, os Cigarrinhos Pan causariam comoção mundial. Da mesma forma, os antigos anúncios de cigarros na TV, tão elaborados e bacanas, foram banidos do ar e, se veiculados hoje, suscitariam gritaria generalizada.

Nessa esteira, é de se pensar se há, realmente, grande diferença entre o efeito que produziam os antigos anúncios de cigarro e as atuais e não menos elaboradas peças publicitárias de cerveja com os jogadores, sambistas e outros apelos tão típicos do estilo. O cigarro faz mal, disso ninguém mais duvida. O consumo imoderado de bebidas alcoólicas, em grande parte das situações, causa dependência, violência doméstica, homicídios fúteis nos bares da vida, sem falar dos mais de 35 mil mortos no trânsito a cada ano.

Partindo desse paradigma, não adianta teimar nem tapar o sol com a peneira: a propaganda da maioria das cervejarias *mainstream* é, sim, feita para estimular o consumo e glamourizar quem é um "bom bebedor". A publicidade de cerveja é, nos dias de hoje, o que os Cigarrinhos Pan foram no passado.

O que faz com que as sucessivas — e, pelo jeito, perpétuas — postergações nas votações de projetos de leis que restringem as propagandas de cerveja na TV se tornem um absoluto atraso. É fundamental que se diga que isso se dá em função do lobby das grandes cervejarias, associado à bancada dos parlamentares proprietários de retransmissoras de televisão e estações de rádio, que se beneficiam com a enxurrada de dinheiro dos anúncios. Patifaria geral, como sempre.

Doutrinando as mentes mais incautas, o mesmo lobby veiculou certa vez, em TV e jornais, anúncios que diziam que restringir a propaganda de cerveja era, na verdade, um "ataque à liberdade de expressão". Pura balela. Em primeiro lugar, porque não se queria proibir nada, mas, tão somente, restringir os horários de veiculação dos anúncios. Em segundo, porque, com a restrição de horários, a informação seria transmitida do mesmo jeito, com teórica exceção a crianças e jovens, os quais, pela lei, lhes é proibido o consumo. Cigarrinhos Pan neles!

Na mesma ponta da questão estão os torcedores de rótulos. Para a propaganda da cerveja ou do que quer que seja, não basta veicular a

Baixinho da Kaiser, um personagem histórico das propagandas de cerveja.

informação. Urge que o consumidor se torne um *defensor* da marca. Para tanto, associa-se a cerveja aos aspectos mais caros do inconsciente popular, como o patriotismo e a verdadeira alegria de viver.

Nada mais sorridente. Nada mais Cigarrinhos Pan.

A REVOLUÇÃO DAS CERVEJAS ESPECIAIS

Na fugaz história da cerveja no Brasil, enquanto as grandes cervejarias só ostentavam áridas histórias de fusões e aquisições e amealhavam cada dia mais torcedores de rótulos, outra aventura começava a acontecer em território nacional: a chegada das cervejas de outros estilos que não o Standard Lager, as chamadas "cervejas especiais". Fugindo da ditadura da "tipo Pilsen", elas vieram via importação e também pela criação das cervejarias artesanais brasileiras (veja mais sobre esse assunto no capítulo "História"). Ambas as atividades vêm literalmente fazendo a cabeça de cada vez mais gente, mudando hábitos de consumo que antes eram considerados imutáveis e criando história com personagens pioneiros, densos e fabulosos.

Com perfis sensoriais mais complexos se comparadas às Standard Lager massificadas, as cervejas especiais oferecem experiências gastronômicas que dispensam o consumo exagerado. Elas ganham exponencialmente mais adeptos (e não *torcedores*) entre os consumidores mais maduros e conscientes, dispostos a pagar mais por melhores produtos e a encontrar mais qualidade de vida no novo hábito de beber menos e melhor. Ao contrário, porém, do que muito cervejeiro de carteirinha imagina, essa revolução não começou há tão pouco tempo assim.

No dia 22 de fevereiro de 2011, a Câmara de Vereadores da pequena Canoinhas, no interior de Santa Catarina, fez uma pausa em seus trabalhos legislativos para prestar uma condoída última homenagem a um lendário velho cervejeiro. Aconteceu ali o velório de Rupprecht Loeffler, o "*Seu* Lefra", como era chamado pelas centenas de amigos que fez durante sua longa vida de 93 anos.

Em abril de 1924, seu pai, o imigrante alemão Otto Loeffler, comprou na cidade as instalações de uma antiga cervejaria, de 1908, então desativada, chamada Canoinhense. Com a morte de Otto e após um breve tempo tocada pelo irmão Wilhelm, em 1935 a pequena fábrica passou a ser administrada por Rupprecht, que passara a vida toda observando o pai no ofício cervejeiro. As receitas das cervejas Jahu, Nó de Pinho, Mocinha, Malzebier e Porter levam ao paroxismo o termo *cerveja artesanal*: jamais mudaram ao longo das décadas e são elaboradas utilizando os mesmos equipamentos e tonéis de carvalho trazidos da Alemanha no começo do século xx.

A Cervejaria Canoinhense até hoje é uma aula viva da história da cerveja no Brasil, máquina do tempo recheada de objetos antigos de cervejaria e animais empalhados nas paredes, relíquias de uma época em que a caça era possível. Até morrer, *seu* Rupprecht, já velhinho, postava-se a uma mesinha ao lado da entrada, caneco em punho, fazendo as vezes de caixa a quem ia comprar suas cervejas, produzidas à taxa de apenas 1.500 garrafas mensais. Jamais parou de beber e gabava-se de consumir dois litros diários da sua cerveja. A Canoinhense, tocada hoje pela família de *seu* Lefra, é a cervejaria artesanal mais antiga em atividade no país.

Só muito tempo depois do nascimento da Canoinhense é que as cervejas artesanais entraram de verdade no vocabulário cervejeiro nacional. Em 1995, o empresário gaúcho Eduardo Bier uniu o pioneirismo ao sobrenome e fundou em Porto Alegre (RS) a DaDo Bier. Nascida como um misto de cervejaria, bar e balada, o empreendimento chegou a ter filiais nas capitais paulista e carioca. Embora haja registros de outras microcervejarias anteriores (caso de, por exemplo, Alles Bier (Curitiba-PR), em 1986, Chopp do Fritz (Monte Verde-MG) e Ashby (Amparo-SP), em 1993), a DaDo Bier foi a primeira cervejaria artesanal brasileira, entre as microcervejarias — que tinham como carro-chefe apenas o estilo Premium Lager —, a romper a ditadura da escola cervejeira alemã e focar seus produtos no quesito criatividade. *Filosoficamente* falando, é a primeira cervejaria artesanal da "nova onda" cervejeira brasileira. A exemplo do que acontecera nos anos 1970 nos Estados Unidos, estava dada a largada da revolução cervejeira no Brasil.

Paralelamente às novas cervejarias artesanais que foram surgindo a partir de então, as cervejas especiais importadas começaram também a brotar nas gôndolas de empórios de artigos finos e até mesmo em

alguns supermercados. A grande precursora dessa onda de importações foi a Bier & Wein Importadora, sediada na capital paulista. Foi a empresa que trouxe da Alemanha, em 1993, a cerveja Pilsen Warsteiner e, em 2001, a de trigo Erdinger, até hoje a primeira imagem que vem à mente de muitos brasileiros quando ouvem o termo *cerveja importada*.

A partir de então, paulatinamente, outras importadoras foram surgindo até chegar-se ao nível de hoje, com centenas de rótulos importados disponíveis a preços cada vez mais convidativos. A cada dia, desembarcam outros novos.

Ao contrário do que acontece nas monolíticas corporações cervejeiras, cujas máquinas são tocadas por funcionários muitas vezes indiferentes produzindo receitas Standard quase imutáveis, os cervejeiros artesanais acompanham todos os passos produtivos de cada uma das suas cervejas, desde o começo. São geralmente eles quem assumem todos os riscos, apesar de, no caso brasileiro, a carga tributária ser tão injustamente escorchante a ponto de quase inviabilizar seus negócios. Eles se aventuram, escolhem ingredientes e métodos produtivos, esmeram-se tecnicamente a cada receita, ousam em estilos diferenciados. São orgulhosamente pequenos, mas agitam a cultura do meio no qual se estabelecem, educando apreciadores para o consumo responsável e fazendo da sua comunidade um lugar melhor. Eles não correm atrás da moda; eles a *criam*.

A revolução das cervejas especiais no Brasil guarda muitas semelhanças com o renascimento cervejeiro dos Estados Unidos, iniciado há três décadas. O caráter algo *revolucionário* assumido pelas cervejarias artesanais brasileiras e também pelas importadas contagia quem se interessa pelo tema, mesmo que minimamente. Nada mais natural; afinal, cerveja é um dos assuntos preferidos dos brasileiros. Já cervejas com história e caráter são ainda mais deliciosas e mais bem apreciadas. Cada cerveja conta uma história, e cada história tem seus protagonistas.

Cerveja Abadessa Slava, do Rio Grande do Sul.

OS "BEER EVANGELISTAS"

Muita gente já sacou há muito tempo que cerveja não se resume somente àquele líquido alcoólico amarelo, com espuma, servido "estupidamente gelado". Nos bares da vida, muitos desses apreciadores de cervejas especiais até brindam com os amigos tendo em mãos cervejas "de massa" numa boa, mas não se furtam a apreciar de vez em quando (ou "de vez em sempre") brejas com mais caráter, sejam artesanais brasileiras ou importadas.

Acontece que a cultura das cervejas de estirpe é insidiosa. Ela chega de mansinho e, quando se percebe, a "doença" cervejeira irremediavelmente já se instalou. Quem gosta de cerveja e adentra nesse mundo, tem poucas chances de sair dele. Sempre se quer aprender mais, degustar mais, descobrir novos e surpreendentes sabores a cada dia. Afinal, como já dizia minha avó, é bem fácil acostumar-se com coisa boa. E as boas coisas do mundo ficam ainda melhores quando aproveitadas com os amigos. Quem descobre o prazer das cervejas especiais, naturalmente quer compartilhá-lo com a sua turma da cevada.

Os americanos, que adoram invocar a Deus até mesmo na hora em que estão fazendo sexo, acharam um termo, digamos, *religioso* para essa divulgação cervejeira: *beer evangelism*. Surrupiaram dos gregos o termo *evangelion*, ou evangelho, que significa "boa notícia", para dizer ao mundo que há mais cervejas para além das Standard Lager sensaboronas. E, por conseguinte, *beer evangelism* define-se no ato de difundir às pessoas o gosto pelas boas cervejas. É a ação que consiste em você convencer seu amigo a gostar da cerveja que você acha sensacional. Muita gente tem arrepios quando ouve o termo, mas não se pode fugir dele.

Mas onde isso tudo se encaixa quando os amigos do nosso círculo ainda acham que as "macronacionais" são as melhores cervejas do mundo e que degustar brejas diferentes é "frescura"?

O termo "cervochatice" é um neologismo impagável. Deriva de "enochato", o sujeito que se acha um *expert* em vinhos, e adota um ar professoral e pretensioso para falar da bebida, como se somente ele conhecesse os segredos do universo. Com a recente expansão da oferta de cervejas especiais, cada vez mais frequentes até nas gôndolas dos

A CERVEJA NO BRASIL

supermercados, é natural que surjam alguns cervochatos, ciosos da sua pretensa sapiência em cervejas, que adotam léxicos muitas vezes vagos e ininteligíveis, o que contribui para a injusta imagem de esnobismo que as brejas especiais não merecem ter.

Com os amigos do bar que você quer convencer a conhecer o mesmo prazer do qual você já desfruta (ou, no jargão cervejeiro, "*beer* evangelizá-los"), é preciso cuidado para não escorregar para a cervochatice, pelo menos no *approach* inicial. Beba socialmente e reserve a degustação para quando o momento for propício apenas a isso. Você já sabe, por exemplo, que girar o copo e cheirar a breja é indispensável nas degustações — já que o ato "areja" a cerveja e faz desprender o seu aroma. Mas não é uma boa ideia proceder o ritual na mesa do boteco, com uma Standard Lager industrial, sob pena de vaia — ou, quem sabe, você sentir apenas cheiro de ovo ou papelão.

Não menospreze o gosto dos seus amigos ainda não *beer* evangelizados. Lembre-se de que, certamente como você, eles sofreram a vida toda o bombardeio das milionárias campanhas publicitárias dos grandes grupos cervejeiros que, por meio de jogadores de futebol, sambistas e mulheres bundudas, os estimularam a consumir brejas em quantidades ciclópicas e, pior de tudo, "estupidamente" geladas... Chegue de

Cerveja Mago de Hoblon, da Bodebrown de Curitiba.

243

mansinho, convencendo pela novidade e obviedade em vez de impor. Rapidinho vocês estarão todos juntos girando alegremente os copos e dividindo prazeres e impressões sobre as brejas de estirpe.

Enquanto nos círculos íntimos o *beer* evangelismo é uma opção, na área dos profissionais, todos os envolvidos — cervejeiros, importadores, comerciantes de cerveja, empresários em geral — consideram fundamental e mandatório que se divulgue aos quatro cantos nacionais a existência das cervejas ditas especiais.

O *beer* evangelismo é legítimo, muda concepções de consumo e até mesmo preserva vidas — como você viu em uma das histórias que contei no início deste livro. O que divide os *beer* evangelistas, embora todos estejam buscando um mesmo objetivo (convencer), é a forma pela qual é exercido.

Existem dois tipos de *beer* evangelistas, e aqui ouso nomeá-los, a partir da filosofia de que comungam: há os *intervencionistas* e os *libertários*. Esses nomes só existem, até agora, na cabeça deste autor, mas as atitudes são conhecidas no "mundo cervejeiro".

São os *intervencionistas* aqueles divulgadores de cervejas — ou, vá lá, aqueles *beer* evangelistas — que consideram que as campanhas das grandes cervejarias são sujas e levam os consumidores a ter a equivocada certeza de que as cervejas *mainstream* são as melhores do mundo. Falo aqui das peças publicitárias que abusam de peitos, bundas e churrascos de amigos para vender cerveja. Há também aquelas que usam sambistas. Outras, mais pérfidas, lançam mão de sentimentos caros aos brasileiros, como a Seleção e outras percepções, como já lançado neste capítulo. E há, ainda, uma campanha cuja cervejaria afirma ter inventado um método diferente de fermentação da cerveja, pelo qual não se fica "empapuçado", ou seja, não se enjoa da bebida, podendo-se, por conseguinte, bebê-la sem moderação e ultrapassar o limite do saudável (essa mesma propaganda, hipocritamente, ainda lança em seu final o bordão obrigatório "beba com moderação").

A partir da percepção — compartilhada, inclusive, por este autor — segundo a qual esse tipo de marketing é pernicioso, depõe contra a cerveja e a marginaliza, os intervencionistas consideram imprescindível antagonizar com a própria cerveja *mainstream*, aquela "tipo Pilsen", anunciando claramente aos "*beer* evangelizandos" que tais brejas, de fato, são ruins e feitas para enganar milhões de paladares. O mestre-cervejeiro americano Garret Oliver, autor de obras basilares sobre cerveja, escreveu certa vez, referindo-se a elas:

> Seriam esses produtos cerveja? A cerveja comum produzida em massa não tem aparência de cerveja, nem cheiro, nem se comporta como uma, não é feita dos ingredientes apropriados, não é preparada da forma como deveria e geralmente deixa a desejar nos atributos de cerveja.

A partir dessa linha de pensamento, que pode parecer radical a alguns, os intervencionistas estabelecem verdadeira guerra santa a partir do que consideram ou não cerveja. Para eles, toda e qualquer cerveja produzida em massa merece ser esconjurada — excetuando-se, talvez, a Heineken, eis que, pelo menos, é elaborada apenas com os quatro ingredientes básicos. Alguns chegam ao ponto de proclamar publicamente em seus veículos de comunicação que tais brejas assemelham-se a urina. O intervencionismo advém da percepção de que o

público em geral ainda não tem condições de escolher, já que é permanentemente bombardeado pelo marketing agressivo das "macros". Por esse motivo, acham legítimo intervir eles mesmos na escolha dos ainda não *beer* evangelizados.

Na outra banda dessa árdua cruzada em busca de corações e mentes, há os libertários, que consideram já haver gente demais falando mal da cerveja — incluindo alguns falsos e esnobes *sommeliers* de vinhos. Para essa tribo, as posições são muito menos radicais. Segundo eles, toda cerveja, por pior que possa parecer a alguns paladares mais sofisticados, têm sua razão de existir, até mesmo aquelas com pouquíssimos atributos sensoriais e feitas com a intenção declarada de apenas refrescar.

Para os libertários, o que importa, isso sim, é a *situação de consumo* das cervejas. Ou seja, num calor de 40° C nas moleiras, à beira da piscina ou na praia, não importa o que aconteça, os consumidores (e, quiçá, eles mesmos, os libertários, na falta de brejas melhores) vão continuar desejando cervejas *mainstream* refrescantes e ponto-final. Não há nada de errado nisso. Gosto não se discute. Errado é apenas disseminar a ignorância de que existem cervejas *certas* e *erradas*, ou que não há mais nenhuma cerveja possível fora daquela a que se está acostumado.

É, em geral, por intermédio dessas cervejas ditas insossas que o consumidor médio vai, um dia, entender e adentrar o mundo das brejas especiais. Como profissionais cervejeiros, os libertários devem *apresentar* aos não *beer* evangelizados a enorme variedade de cervejas diferentes à disposição, nunca *impondo* e jamais *antagonizando* com os gostos preexistentes do consumidor, atitude que poderia afastar ainda mais o *torcedor de rótulos* das cervejas de estirpe. Os libertários acham que os consumidores, se bem orientados, podem e devem escolher, eles mesmos, as cervejas que vão tomar de acordo com o momento, o preço e as percepções que desejam sentir.

Nessa "batalha" entre libertários e intervencionistas, há um lado maravilhoso. O que aproxima essas duas facções é a enorme paixão que nutrem pela cerveja, e o fim comum: cada qual à sua maneira, mostrar aos não iniciados os prazeres das escolhas possíveis que o vasto panteão cervejeiro proporciona.

O leitor deseja saber em qual time eu bato uma bolinha? No dos libertários. Salvo melhor juízo, ou até prova em contrário.

OS CERVEJEIROS CASEIROS

Você viu ao longo deste livro que, através da história da humanidade, preparar cerveja sempre foi uma atividade feita em casa para alimentar a família assim como o pão, e que a ação só foi usurpada dos lares com a Revolução Industrial. Todavia, ainda hoje, fazer cerveja em casa — ou, se você preferir, o termo em inglês, *homebrewing* — é um dos *hobbies* mais prazerosos e viciantes que se pode cultivar. A palavra inglesa também é usada para a produção caseira em pequena escala de vinho, cidra, hidromel (fermentado de mel e água), saquê e outras bebidas fermentadas.

Se na Antiguidade o *homebrewing* era meio de subsistência, a chegada das indústrias no século XVIII transformou-o em passatempo muitas vezes malvisto. Em 1880, o Reino Unido promulgou o Inland Revenue Act, estabelecendo a necessidade de uma licença especial para se fabricar cerveja em casa, exigência revogada apenas em 1963. Já nos Estados Unidos, a Lei Seca de 1919 foi revogada em 1935, mas o *homebrewing* ainda permaneceu proibido até 1978 — o presidente Jimmy Carter deixou à mercê de cada estado a decisão sobre leis regulatórias.

O *homebrewing* é cultivado no mundo todo, especialmente na Europa e nos Estados Unidos. Mas é nesse último que a atividade vem crescendo de forma mais consistente, organizada e exponencial (saiba mais sobre os cervejeiros caseiros americanos no capítulo "Escolas cervejeiras"). Por lá, a cultura do *homebrewing* é disseminada a ponto de servir de base para as cervejarias artesanais que fazem a história da nova escola americana. Por todo o país, há lojas de insumos cervejeiros que vendem em pequena escala os maltes, lúpulos, fermentos e equipamentos próprios para se fazer cerveja a partir da cozinha de um apartamento. Em alguns casos é possível comprá-los em supermercados. A maior entidade representativa dos cervejeiros caseiros norte-americanos é a AHA (American Homebrewers Association), que congrega mais de 30 mil membros em concursos regulares de cervejas caseiras e outros eventos.

No Brasil, embora a atividade já fosse comum entre os índios, o *homebrewing* começou mesmo nos séculos XVII e XVIII com os imigrantes europeus, sobretudo alemães, austríacos, suíços e ingleses. A exemplo do que ocorrera na Inglaterra da Revolução Industrial, após a hegemonia das grandes cervejarias, a atividade deixou de ter sentido, pois tornou-se mais barato e infinitamente menos trabalhoso comprar cerveja na vendinha da esquina do que fazer a sua própria. Apenas algumas famílias ainda cultivavam o *homebrewing*, muito mais como forma de resistência cultural ou pura teimosia.

A atividade recrudesceu como *hobby* apenas muito recentemente, a partir da segunda metade da década de 1990. A primeira associação de cervejeiros caseiros foi fundada em 2006, no Rio de Janeiro. À época, com apenas dezoito *homebrewers* associados, a entidade passou a chamar-se ACervA Carioca. A ideia floresceu e, através dos anos que se seguiram, outras ACervAs foram surgindo aproveitando o modelo. Não tardaram a acontecer concursos nacionais das entidades, nos quais premiam-se as melhores cervejas caseiras em categorias predeterminadas, e faz-se no final uma grande festa com todos os competidores.

As ACervAs são organizações sem fins lucrativos que têm o objetivo de reunir os cervejeiros caseiros para trocarem ideias, receitas, aprendizados e também para, juntos e em maior número, conseguirem benefícios em grupo na hora da compra de insumos, materiais e equipamentos, cozinhas para brassagens coletivas etc. E como a cerveja possui, antes de tudo, um caráter festivo, nada mais natural que os encontros promovidos pelas ACervAs sejam os eventos mais animados e divertidos que podem existir no mundo cervejeiro. Ao associar-se, além de poder trocar aprendizado com quem também faz sua própria cerveja, o entusiasta ainda conhecerá pessoas divertidas e de bem com a vida.

Degustar a cerveja feita com (literalmente) o suor do seu rosto é uma delícia. Pode-se inventar receitas à vontade e adicionar os mais inusitados ingredientes — um concurso interno da ACervA Mineira, certa vez, reuniu cervejas feitas com ingredientes "mineiros" como pé-de-moleque, doce de leite e buriti. Há cada vez mais cursos de *homebrewing* à disposição em todo o país, ministrados por profissionais gabaritados, e as lojas de insumos se multiplicam na proporção da demanda. Hoje, é possível comprar pela internet maltes, fermentos, lúpulos e toda sorte de equipamentos para a produção de cerveja em pequena escala, recebendo-os pelo correio. Como já foi dito, fazer cerveja em casa é um *hobby* que chega às raias do vício.

CERVEJA — UM GUIA ILUSTRADO

AS CERVEJARIAS CIGANAS

Você tem uma receita ou ideia de cerveja, mas não tem os equipamentos para produzi-la comercialmente? Que tal pensar em alugar os materiais, o espaço e o tempo de outra cervejaria para fazer brotar das grandes panelas o seu sonho líquido? Há alguns anos, esse modelo de negócios vem se popularizando e, até o fechamento deste livro, constitui a imensa maioria das pessoas jurídicas ligadas ao mercado da cerveja no Brasil, com mais de 2 mil empresas constituídas.

Os cervejeiros "ciganos" não têm sede própria — podem mover-se ao sabor das melhores oportunidades contratuais entre as cervejarias físicas que os acolham. Os modelos de contrato podem variar, desde o simples aluguel de espaço e equipamento, até os mais completos, compreendendo o marketing e a distribuição. Tudo é possível, e a ideia é que todos ganhem: o industrial, que aproveita os eventuais tempo e espaço ociosos quando não está produzindo a sua própria cerveja, e os ciganos, que precisam de um investimento inicial muito menor para fazer suas criações partirem para o mercado.

O perfil desse tipo de empresário é, geralmente, o do cervejeiro caseiro que deseja fazer nascer suas crias para o comércio. Para suprir a demanda crescente, há também empresários que montam cervejarias físicas com o único propósito de atrair os ciganos a alugarem seus equipamentos e realizarem seus sonhos.

Outra inestimável vantagem do negócio é a possibilidade de testar os produtos em uma escala menor, para aferir a aceitabilidade perante o público consumidor e mudar rapidamente de direção caso as receitas não emplaquem. Juntos, industriais e ciganos trocam experiências tanto de fabricação quanto de mercado, e o ambiente ganha muito em evolução.

OS CURSOS CERVEJEIROS

Grosso modo, há duas formas de se compreender e estudar sobre cerveja: há os que aprendem a fazer cervejas (mestres-cervejeiros etc.), e os que aprendem a saber com base científica se uma cerveja está em boas condições e dentro do estilo proposto (*sommeliers* de cerveja, especialistas em estilos etc.). Idolatro profundamente os mestres-cervejeiros, mas jogo mesmo no segundo time, e muita gente acha que possuo o melhor emprego do mundo.

As escolas de cervejaria surgiram entre os monges da Idade Média e hoje, com a transformação da cerveja em negócio global, ganharam vários modernos e conceituados centros de estudo pelo planeta, em níveis que vão de intermediário a doutorado. Na Alemanha, são tradicionalíssimas algumas academias cervejeiras centenárias, caso da Universidade Técnica de Munique — que funciona no mosteiro de Weihenstephan, a cervejaria em atividade mais antiga do mundo, desde 1040 —, além da Versuchs- und Lehranstalt für Brauerei (VLB) em Berlim, e a Doemens Akademie, em Gräfelfing. Na Bélgica, é famoso o Centre for Malting and Brewing Science, em Louvain-la-Neuve. No Reino Unido, há o Institute of Brewing & Distilling, em Londres. Nos Estados Unidos, fazem sucesso alguns redutos científicos como o Siebel Institute of Technology (Chicago) e a University of California-Davis.

No Brasil, esse movimento começou com o curso de técnico-especialista em cervejaria do SENAI-RJ, com o qual o aluno recebia um certificado que dava direito a se formar em mestre-cervejeiro na Universidade Técnica de Munique (Alemanha). Com o crescimento do mercado, de dez anos para cá, inúmeros outros cursos técnicos, de graduação ou livres vêm pipocando a cada dia no país. Na ponta sensorial, estão se tornando particularmente notórios os cursos de formação de *sommeliers* de cervejas, para atuar em bares, restaurantes, hotéis, importadoras, distribuidoras e demais áreas ligadas à comercialização e apreciação da bebida.

Caso a sua onda seja aprender mais sobre cerveja, mas sem precisar chegar ao profissionalismo dos cursos tradicionais — mais longos e também mais caros —, não há por que se apertar. Conforme a cultura cervejeira vai crescendo, mais vão se disseminando pelo país cursos de curta duração (de um a três dias) destinados tanto a fazer quanto a degustar cervejas, todos ao alcance de uma rápida pesquisa pela internet.

De toda forma, mesmo que você tenha alergia a bancos escolares, é preciso entender que aprender mais sobre cerveja e seus estilos possibilita que se façam melhores escolhas nas gôndolas dos empórios e supermercados. *Saber* o que se está consumindo é parte intrínseca do prazer de consumir, com o bônus de se ter ferramentas para avaliar as cervejas com as melhores relações entre custos e benefícios.

Com certeza você já assistiu aos desfiles das escolas de samba no Carnaval. Aquela profusão de cores, plumas, carros alegóricos e excesso de informação passa diante dos seus olhos e, caso você não esteja assistindo pela TV e ouvindo o narrador dizer o que significa cada fantasia ou alegoria, seria grande a chance de não entender patavina. "Bonito", você diria, mas sem saber o enredo, a história e, muitas vezes, os personagens que estão sendo exaltados.

O que isso tem a ver com cerveja? Imagine uma prateleira cheia de lindos e coloridos rótulos de brejas. Caso não saiba bulhufas sobre estilos e histórias, você corre o risco de achar uma cerveja "bonita", mas não entender o que está degustando, negando-se a aproveitar tudo o que ela tem a lhe oferecer, incluindo suas informações básicas. E, convenhamos, degustar cerveja junto com a sua história potencializa ainda mais o prazer. Além de simplesmente "bonita", a cerveja passa a ser inesquecível. Vá por mim, pode acreditar.

BIBLIOGRAFIA DE APOIO

BAMFORTH, Charles. *Vinho versus Cervejas — Uma Comparação Histórica, Tecnológica e Social*. São Paulo: Editora Senac São Paulo, 2011.
BEAUMONT, Stephen. *A Taste For Beer*. Vermont: Storey Publishing, 1995.
CALAGIONE, Sam. *He Said Beer, She Said Wine*. Nova York: Dorling Kindersley, 2008.
HALES, Steven D. *Cerveja e Filosofia*. Rio de Janeiro: Editora Tinta Negra, 2010.
JACKSON, Michael. *Beer*. Londres: Dorling Kindersley, 2007.
JACKSON, Michael. *Eyewitness Companion: Beer*. Westminster: Blue Island Publishing, 2007.
JACKSON, Michael. *Great Beer Guide*. Londres: Dorling Kindersley, 2000.
KINDERSLEY, Dorling. *The Beer Book*. Westminster: Blue Island Publishing, 2008.
KOCH, Greg. *The Craft of Stone Brewing Co.*: Ten Speed Press, 2011.
LEVENTHAL, Josh. *Birra: Storia, Produzione, Tipi e Marche*. Köln: Könemann Verlagsgesellschaft mbH, 2000.
MORADO, Ronaldo. *Larousse da Cerveja*. São Paulo: Larousse do Brasil, 2009.
MOSHER, Randy. *Tasting Beer*. North Adams: Storey Publishing, 2009.
OLIVER, Garret. *The Brewmaster's Table*. Nova York: HarperCollins Publishers Inc., 2003.
OLIVER, Garret. *The Oxford Companion to Beer*. Nova York: Oxford University Press, 2011.
SEIDL, Conrad. *O Catecismo da Cerveja*. São Paulo: Editora Senac São Paulo, 2003.

CRÉDITOS DAS IMAGENS

Patricio Estrada, FXQuadro, ReDorss, givaga, Edi Lopes da Costa, Daniel C Varming, Romi Gr, Alf Ribeiro, Smile Studio, Smile Studio, Foxys Forest Manufacture, Marian Weyo, Krakenimages.com, Dejan Dundjerski, Click and Photo, Serhii Bobyk, wavebreakmedia, Zoriana Zaitseva, dissx, Everett Collection, bernio004, Freedom Life, barmalini, StockLite, Pe3k, Ysbrand Cosijn, vengerof, Lukassek, Infinite_Eye, Boris-B, Liza Zavialova, Radiokafka, Nejron Photo, TSViPhoto, Sun_Shine, Nejron Photo, Gedeminas777, Halfpoint, djile, Olena Yakobchuk, Monkey Business Images, HQuality, Brent Hofacker, chippix, Master1305, Akkharat Jarusilawong, populustremula | ShutterStock.
Cerevejaria Bamberg, Ambev, Heineken, Fuller's, Diageo, Bodebrown, Eisenbahn, Cervejaria Colorado, Brooklyn Brewery, Anderson VAlley, Sierra Nevada, Amazon Bier, Abadessa, Flying Dog, Rogue Brewery, Harviestoun, Anchor Brewery, Westmalle, Chimay, Paulaner, Schneider, Samuel Smith, Mean Time Brewery, Schlenkerla, OverHop Brewing, Fermi Cervejaria | Divulgação.

O AUTOR

MAURICIO BELTRAMELLI é advogado por profissão há mais de duas décadas e sempre teve a cerveja como paixão. Nas viagens a trabalho para o exterior, rótulos e sabores diferentes da bebida sempre lhe chamavam a atenção. Da degustação atenta, sempre anotando meticulosamente as características de cada gole, criou o site especializado *Brejas*. O que era somente um hobby tomou rumos mais profundos quando Mauricio se tornou mestre em estilos de cerveja e avaliação pelo Siebel Institute (Chicago, Estados Unidos), e *sommelier* de cervejas pela Doemens Akademie de Munique (Alemanha), instituição na qual também se tornou docente. Foi requisitado como jurado nos concursos de cervejas mais importantes do mundo, como a World Beer Cup (Estados Unidos), Birra dell'Anno (Itália) e muitos outros, além de ter escrito sobre cerveja em inúmeros veículos de comunicação brasileiros e estrangeiros.

Hoje radicado na Itália, exerce somente a advocacia, sem, contudo, deixar de dedicar seu tempo livre à sua grande paixão líquida.

ASSINE NOSSA NEWSLETTER E RECEBA
INFORMAÇÕES DE TODOS OS LANÇAMENTOS

www.faroeditorial.com.br

ESTA OBRA FOI IMPRESSA
EM SETEMBRO DE 2022